もっと思い通りに使うための

Notion
データベース・
API 活用入門

掌田津耶乃［著］

JN069677

マイナビ

Notionのパワーの源泉
それは「データベース」！

　Notionは、業務で使うデータからToDoやスケジュール管理など、あらゆる情報を一元管理するツールとしてビジネスの世界で急速に広まりつつあります。どんな情報も、とりあえずNotionに放り込んでおけばいい。こんなアバウトでしかも使えるツールは他にありません。

　なぜ、Notionはこんなにも柔軟な情報管理ができるのか。その秘密は、Notionのデータベースにある、といってもいいでしょう。

　Notionは一見したところテキストやイメージなどを扱うビジネスツールのように見えます。が、Notionに追加される様々なデータは、すべてNotionのサーバーにあるデータベースによって管理されているのです。この強力なデータベースから必要に応じて的確にデータを取得し、きれいにまとめて表示しているのですね。

　Notionを使いこなすには、この強力なデータベースを使いこなすことが重要です。そこで、Notionのデータベース機能を中心にしたNotion使いこなしの解説書として本書を執筆しました。

　本書では、Notion初心者のために、まずNotionの基本的な使い方を説明します。そして、データベース機能の使いこなしについてしっかりと解説し、さらにNotion APIというものを使ってプログラムの中からNotionのデータベース機能を利用するためのプログラミング技術について説明をします。

　「プログラミング？　そんなのまるでわからないよ！」と思った人、どうか慌てないで。ここで利用するのは、Googleスプレッドシートに用意されているGoogle Apps Scriptというマクロ言語です。JavaScriptというスクリプト言語の基本がわかれば、Google Apps Scriptはすぐに使えます。プログラミング経験がない人でも、これならきっと使えますよ。

　もちろん、「本格的にプログラミングで使いたい」という人に向けて、Node.jsとPythonからNotion APIを利用する方法についても説明しています。

　表からは見えない、Notionの内部にあるパワーの源泉である「データベース」を使いこなして、一歩進んだNotionの活用テクニックを身につけましょう！

2022.07　掌田津耶乃

Contents

Chapter 10 PythonからNotion APIを利用しよう

Chapter 11 JavaScriptから Notion APIを利用しよう

Chapter **1**

Notionの基本を
マスターしよう

この章のポイント
・ワークスペースがどんなものか理解しよう
・ページを作り、コンテンツを配置しよう
・ベーシックブロックの使い方を覚えよう

01 Notionってどんなもの？

「コンピュータを業務に使う」と一口にいっても、そのアプローチはさまざまです。一昔前ならば、ワープロと表計算がわかれば「仕事に使っている」と胸を張っていえたでしょう。しかし、今やコンピュータで行える業務は高度に進化しており、そんな単純なものではなくなっています。

データの管理、計算、分析、共有、コミュニケーション、スケジュール管理、進行管理……まだまだいくらでも出てくるでしょう。これらの作業をコンピュータで行うため、一体どれだけのアプリケーションを利用しているのか想像してみて下さい。日常の業務では、これらすべてのアプリケーションを組み合わせて作業し、チームのメンバーと連携して作業を進めていかなければなりません。

ビジネスで使うソフトとしては、すでに定番となっているものが多数あります。ExcelやWordは便利だし強力でしょう。けれど、現在の複雑化した作業を「これ一本あれば全部できる」といったものではありません。

さまざまなデータ（数値やテキストだけでなく、イメージやPDFやWebのリンクなどまで！）をひとまとめにして管理し、簡単に共有できるツール。そんなものがあれば、ずいぶんと効率的に業務を進められると思いませんか。

例えばファイルを開いて、データベースやスプレッドシートを追加して、レポートや資料のPDFを貼り付けて、関連ページを埋め込んで、個人的なメモを追加して、仲間と共有してコメントを付けてもらう。そんなことが簡単にできるようなツールがあれば、この何もかもが複雑化した時代に「シンプルに情報を整理し作業を進める」ことができるようになるでしょう。

💡 Notionはすべての情報をひとつにまとめる

こうした理想のツールに現在、最も近いものが「Notion」です。Notionというツールを一言でいえば、「すべての情報を一つにまとめるもの」です。

Notionでは「ページ」と呼ばれるドキュメントを作成します。このドキュメントの中には、さまざまな情報をひとまとめにして詰め込んでおくことができるのです。Notionのページに追加できるものは、整理すると以下のようなものがあります。

●ドキュメント

Notionのページは、基本的には「ドキュメントを書くもの」といえます。ただテキストを書くだけでなく、タイトルや見出し、チェックリストや箇条書きのリストなども作成できます。

また作成した見出しを元に自動的に目次を作成することができます。この他、各種プログラミング言語のソースコードや数式なども作成できます。一般的なドキュメントを記述する上で必要なものは一通り揃っていると考えていいでしょう（図1-1-1）。

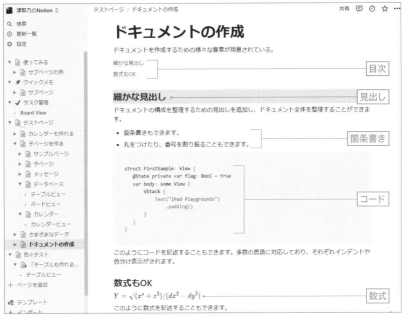

図1-1-1　ドキュメントの見出しや目次、コード、数式などを作成できる

●データファイル

テキスト、画像、PDF、動画、オーディオ、その他の一般的なファイルをページの中に埋め込むことができます。画像やPDFはそのままイメージが表示されますし、YouTubeなどの動画はリンクを埋め込めばその場で再生することもできるようになります（図1-1-2）。

図1-1-2　画像、PDF、動画などさまざまなデータを埋め込める

●Webサービスのコンテンツ

　最近ではWebサービスとして各種のコンテンツを提供するところも増えてきました。こうしたWebベースで提供されているサービスからコンテンツを追加することもできます。例えばGoogleドライブからGoogleドキュメントやGoogleスプレッドシート、Twitterのツィートなどを埋め込むことができます。またGitHubやFigmaなど開発の分野で広く使われているサービスなども埋め込みで利用することができます（図1-1-3）。

図1-1-3　Googleマップやドキュメントなど各種のサービスを埋め込める

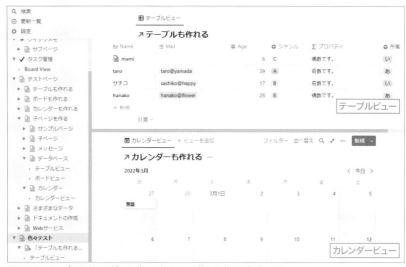

●データベース

　Notionには強力なデータベース機能が備わっており、これを利用してさまざまなデータを作成し管理できます。スプレッドシートのようなテーブル、ボードやギャラリーなどイメージなどを多用したカード形式のデータ表示、カレンダーやタイムラインなどの時間軸ベースのデータなど、さまざまな種類のデータベースを扱うことができます（図1-1-4）。

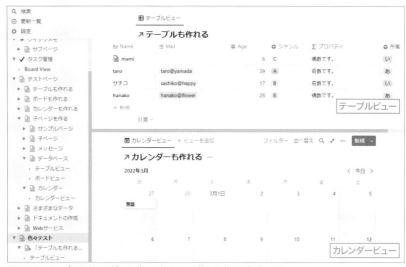

図1-1-4　テーブルやカレンダーなどデータベースを使った表示も作成できる

無料で使える！

　このNotionは、利用の仕方に応じていくつかのプランが用意されています。個人で利用する場合、無料で利用を開始することができます。業務などで複数メンバーが情報共有しながら利用する場合は、有料のサブスクリプションサービスとなります（料金は利用の仕方によって変わります）。

　個人利用であれば、とりあえず無料で使い始めることができるので安心ですね。また業務で利用するような場合も、開始後、1000ブロック（ページに埋め込んだコンテンツ数）まで無料になっており、その間は料金が請求されません。

　まずは、個人利用から開始し、使えそうだとわかったらアップグレードしてチー

ムメンバーを招待し利用する、といったこともできます。いきなり費用が発生する心配はないので安心して使いましょう。

本書は「データベース活用」のためのものです

　Notionを使い始める前に、ここで本書の目的について触れておきましょう。Notionは、簡単に説明したようにさまざまなデータを活用できる、非常に柔軟なツールです。ですから、その人その人ごとにさまざまな使い方ができます。

　さまざまなテキストを記述し保存する、ワープロ的な使い方もできるでしょう。あちこちで見つけたイメージや動画を貼り付けて保管する、スクラップブックのような使い方もできますね。もちろん、業務のデータをテーブルにまとめていくなど仕事のツールとしても役立ちますし、仲間と情報共有をするためのコラボレーションツールにもなります。

　そうしたNotionの豊富な機能の中でも、本書は特に「データベース」について注目します。Notionのデータベース機能は、数多ある情報管理ツールの中でも極めてユニークなものです。このデータベースをうまく使いこなすことができれば、Notionのパワーを最大限に活かすことができるだろうと考えます。

　とはいえ、「Notionはまだ使ったことがない」という人にとっては、データベース以外の機能の使い方も一通りは知りたいところですね。そこで本書は、以下のような流れで説明を進めていきます。

Chapter1〜2 コンテンツ作成の基本

　まずは、Notionの基本的な機能について説明します。Notionでページを作り、そこにさまざまなコンテンツを作成していくための基本を覚えていきます。その場でコンテンツを記述したり、外部から各種のメディアを持ってきて埋め込んだりする方法を学びます。

Chapter 3〜6 データベースの活用

　基本の使い方がわかったら、いよいよデータベースの使い方を学んでいきます。データベースとデータを表示するビューの使い方を一通り覚え、フィルターによる検索、リレーションによるデータベースの連携、関数を使った演算処理などについても説明します。ここまでで、Notionのデータベース機能は一通り理解し使えるようになるでしょう。

Chapter 7〜11 Notion APIの利用

　データベースを一通り使えるようになったら、Notionのデータベースを外部から

利用する方法を学びます。ここでは、プログラミング言語を使って自分だけのプログラムを開発するための技術を身につけていきます。使用するのは、Google Apps Script、Python、Node.js（JavaScript）といったもので、さまざまな環境からNotionのデータベースを使えるようにします。

　「とりあえずNotionを使ってみたい」という人は、Chapter 1～2をしっかり読んで下さい。これだけで、Notionは使えるようになります。そしてNotionの基本がわかったら、Chapter 3～6に進んでデータベースをフル活用できるようになりましょう。ここまでマスターすれば、Notionをかなり本格的に使いこなせるようになっているはずです。

　Chapter 7～11は、Notionを使った開発を考える人のためのものです。「開発（プログラミング）」というと一般の人には関係ないように思うかもしれませんが、例えばChapter 7～9で利用しているGoogle Apps ScriptはGoogleスプレッドシートのマクロにも使われているもので、ごく初歩的なJavaScriptの使い方がわかれば誰でも使えるようになります。少しでも「プログラムを作る」ということに興味のある人は、是非挑戦してみて下さい。

02 Notionの利用を開始する

　では、実際にNotionを使ってみましょう。Notionは、Webアプリケーションと、パソコンにダウンロードして使えるアプリケーションが用意されています。本書では、Webアプリケーションをベースにして説明していきます。

　NotionのWebアプリケーションは以下のURLで公開されています。まずはWebブラウザからここにアクセスして下さい。

https://www.notion.so/ja-jp

図1-2-1　NotionのWebサイト。ここからサインアップする

　このページにある「Notionを無料で使ってみる」ボタンをクリックして下さい。サインアップのページに移動します。

　Notionでは、メールアドレスで登録する他、GoogleアカウントやAppleアカウントを使って登録することができます。

● Googleアカウントの場合

サインアップ画面（図1-2-2）にある「Googleアカウントでログインする」（❶）をクリックすると、ポップアップウィンドウが現れ、そこで使用するGoogleアカウントを選択します。Notionへのアクセスを許可するための確認画面が現れるので、そのまま許可すれば利用できるようになります。

● Appleアカウントの場合

サインアップ画面にある「Appleアカウントでログインする」（❷）をクリックします。使用するメールアドレスとパスワードを入力する画面が現れるのでこれらを入力し送信すると、そのメールアドレス宛に確認コードが送られます。それを入力すれば利用できるようになります。

● メールアドレスの場合

サインアップに使うメールアドレスを入力し、「メールアドレスでログインする」を押します（❸）。そのメールアドレスにサインアップのための確認コードが送信されるので、それを入力すれば使えるようになります。

図1-2-2　サインアップ画面。Google/Appleアカウント利用とメールアドレス利用がある

03 ワークスペースを選択する

　サインアップすると、「Notionをどんな用途でご利用ですか？」という表示が現れます（図1-3-1）。これは、複数のメンバーでデータを共有しながら使うか、それとも個人で（他人と共有しないで）利用するかを選択するものです。

　Notionでは、アカウントには「ワークスペース」と呼ばれる作業空間が用意されます。このワークスペースは、チーム用と個人用が用意されています。用途に応じて、必要な方を選択すればいいでしょう。

　では、2種類のワークスペースがどのように違うのか、簡単に説明しておきましょう。

●個人用ワークスペース

　「自分のために」を選択すると、個人利用のワークスペースが作成されます。これは、無料で利用可能なワークスペースです。他人とワークスペースを共有するための機能は特に用意されていないため、作成されるデータやページはすべて自分だけが利用できるものになります。

●チーム用ワークスペース

　「チームと一緒に」を選択すると、複数メンバーで利用するためのワークスペースが作成されます。これは、基本的に有料になります。ただし、作成するブロック数が1000以下の間はトライアルとして料金は請求されません。

　「とりあえず使ってみたい」という人は、個人用のワークスペースを作成しましょう。「自分のために」を選択し、図1-3-1の「Notionに移動する」ボタンをクリックすれば、ワークスペースが作成されNotionの画面が現れます。

　なお、本書では、基本的には個人用のワークスペースで解説を行っていきます。

図1-3-1　個人利用かチーム利用かを選択する

チーム用ワークスペース作成の場合

　もし、チーム用のワークスペースを利用したいという場合は、図1-3-1で「チームと一緒に」を選択し、「続ける」ボタンをクリックします。

　画面に「チームのワークスペースを作成する」という画面が現れます（図1-3-2）。ここで、ワークスペースの名前を入力し、「続ける」ボタンをクリックします。ワークスペースはメンバー全員が利用することになるので、わかりやすい名前をつけておきましょう。

図1-3-2　ワークスペース名を入力する

続いて、「チームメイトを招待する」という画面が現れます（図1-3-3）。ここで、ワークスペースを共有するメンバーを登録します。

　「招待する」という表示にある入力フィールドに、メンバーのメールアドレスを記入して下さい。デフォルトで3つのフィールドが用意されており、3人まで招待できます。もし、それ以上のメンバーを招待したい場合は、「さらに追加するか、まとめて招待する」をクリックして下さい。入力フィールドがテキストエリアに変わります。ここに、招待したいメンバーのメールアドレスを改行やカンマで区切って記述をします。

　すべて記述したら「招待してNotionに移動する」ボタンを押せば、ワークスペースが作成されます。

図1-3-3　チームのメンバーを招待する

04 Notionの画面について

個人用ワークスペースの場合

　まずは、個人用のワークスペースを選択した場合のワークスペースについて解説していきます。

　ワークスペースが作成されると、Notionの画面が表示されます。このNotionの画面が、選択したワークスペースの画面になります。「Notionを使う」というのは、イコール「（選択した）ワークスペースを使う」ということだと考えて下さい。

　このワークスペース画面は、左側にメニューとなるリストが表示され、右側に選択されたページの内容が表示されます。個人用ワークスペースの場合、左側のメニューには以下のような項目が用意されます（図1-4-1）。

①ワークスペース名	作成されたワークスペース名が表示されます
②検索	作成したページの検索を行います
③更新一覧	ページの更新情報が表示されます
④設定	アカウントとワークスペースの設定画面が現れます
⑤ページのリスト	その下にある「使ってみる」～「ライフwiki」までの項目は、デフォルトで作成されているページです。これらをクリックすることで、表示されているページが切り替わります
⑥ページを追加	ページのリスト下にあるこのリンクをクリックすると、新しいページを作成できます
⑦テンプレート	ページのテンプレートが表示されます。ここからテンプレートを使ってページを作成できます
⑧インポート	外部からデータをインポートするためのものです
⑨ゴミ箱	削除したページが保管されているところです

図1-4-1　個人用のワークスペース画面

チーム用ワークスペースの場合

　チーム用のワークスペースを作成した場合、メニューに表示される項目が微妙に違ってきます。基本的な項目は同じですが、表示されるページの部分が以下のように２つに分かれています（図1-4-2）。

❶ワークスペース	チームで共有するページがまとめて表示されます。デフォルトでは「タスク管理」というサンプルページが用意されています
❷プライベート	これは個人利用のページがまとめられるところです。ここにあるページは、チームの他のメンバーには見えません。デフォルトで「使ってみる」というサンプルページが用意されます

　チーム用ワークスペースでは、このように「チーム全体で利用するページ」と「個人利用のページ」に分かれています。どちらに配置するかをよく考えてページを作りましょう。

図1-4-2　チーム用のワークスペース画面

05 ワークスペースの作成

Notionのワークスペースは、Notionのサインアップ時に作成されますが、それ以外のワークスペースを作成することもできます。

ワークスペースは各アカウントに紐付けられています。従って、別のアカウントを登録すれば、そのアカウント用の新しいワークスペースが使えるようになるのです。

個人用のページの左側メニュー上には「〇〇さんのNotion」という表示があります。これは、現在ログインしているアカウントのワークスペースを表示するものです。これをクリックすると、利用可能なワークスペースのリストといくつかのメニューがポップアップ表示されます（図1-5-1）。

図1-5-1　左上のワークスペース名をクリックするとメニューがポップアップされる

💡 アカウントを追加する

ポップアップ表示されたパネルの中から、「別のアカウントを追加する」メニューを選んで下さい。画面に、別のアカウントを登録するためのパネルが現れます（図1-5-2）。ここから、Google/Appleアカウントやメールアドレスを入力してアカウント登録をすると、2つ目のアカウントが追加され、そのワークスペースが利用できるようになります。

また、個人利用のワークスペースを作成している人は、「仕事用のアカウントを作成する」メニューを選ぶと、チーム用ワークスペースを作成できます。

図1-5-2　「別のアカウントを追加する」メニューを選ぶと、アカウント登録のパネルが現れる

💡 ワークスペースを追加する

　同じアカウントで複数のワークスペースを作成することも可能です。パネルの右上に見える ⋯ 部分をクリックすると、「ワークスペースへの参加・新規作成」というメニューが現れます。これを選ぶと、サインインのときと同じワークスペースの種類を選択する画面が現れます。これで新しいワークスペースを作ることができます。

図1-5-3　「ワークスペースへの参加・新規作成」メニューでワークスペースを新しく追加できる

💡 複数ワークスペースを切り替える

　別アカウントや仕事用のワークスペースを作成した場合、左上のワークスペース名をクリックすると登録されたすべてのアカウントのワークスペースが表示されるようになります。ここから使いたいものを選ぶと、そのワークスペースに切り替わります。

　多数のページを作るようになると、ページの管理も大変になってきます。必要に応じてアカウントを切り替えれば、用途や役割ごとにワークスペースを切り替えて使えるようになります。

図1-5-4　利用可能なワークスペースがリスト表示される

06 ページを作る

では、実際にNotionを使ってさまざまな情報を追加してみましょう。まず「ページ」を作成します。

ページは、Notionでデータを管理する際の基本単位となるものです。なにかのデータを保管したいときは、まず新しいページを用意し、そこに必要なデータを追加していきます。作成したページは、左側のリスト部分に追加され、いつでも選択して開くことができます。

では、ページを作成しましょう。左側のメニュー部分から、ページのリスト表示の下にある「ページを追加」というリンクをクリックして下さい。

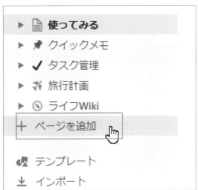

図1-6-1 「ページを追加」をクリックする

右側に何も記入されていない新しいページが表示されます。うっすらと「無題」という字が見えるところに入力ポインタが点滅しているでしょう。これが、新しいページです。

ページは、「タイトル」と「コンテンツ」で構成されます。入力ポインタが明滅しているところが、タイトルを記入するところです。まずは、ここにタイトルを記入しましょう。サンプルでは「サンプルページ」としておきます（図1-6-2）。

図1-6-2　ページのタイトル
を記入する

テンプレートの選択

　入力したタイトルの下には、「『Enter』キーを押して空白ページから始めるか、テンプレートを選択して下さい。」と淡いグレーで表示されています。

　ページは、自分で位置からコンテンツを作成することもできますが、あらかじめ用意されているテンプレートを使って作成することもできます。ここでは、テンプレートを使ってみましょう。

　「……テンプレートを選択して下さい。」という表示テキストの下には、いくつもの項目がリスト表示されているでしょう。これらが、利用可能なテンプレートです。「アイコン付きページ」「空白ページ」……といった項目が一覧表示されていますね。

　ここから、作成したいページのテンプレートを選びます。ここでは「空白ページ」という項目を選んでおきましょう。これで、タイトル以外に何も表示されないページが作られます（図1-6-3）。

図1-6-3　空白ページを作成する

07 作成できるコンテンツの種類

　では、コンテンツを作成していきましょう。コンテンツは、「コマンド」と呼ばれるものを使って作成します。半角英数字を直接入力できるようにしてから、「/」キーを押して下さい。あるいは全角入力の入力モードで「；」キーを押してもOKです。このいずれかの操作を行うと、入力する項目部分に挿入可能なコンテンツの一覧リストがポップアップ表示されます。

図1-7-1　「/」キーを押すと、挿入可能なコンテンツがリスト表示される

主なコンテンツの種類

　コマンドのリストには、非常に多くの項目が用意されています。これらが、コンテンツとしてページに追加できるものです。一般的なテキストからイメージなどのメディア、そしてデータベースまで、用意されている項目の種類は非常に広範囲に渡っています。慣れないうちは、どんなものが用意されているのかわからず、この段階でまごついてしまうことでしょう。

　コマンドは、その内容ごとにいくつかのジャンルに分けて整理されています。まずは、どんなジャンルがありどんなコマンドが用意されているのか、ざっと頭に入れておきましょう。

ベーシック	ドキュメントに記述する基本的なコンテンツの種類です。テキスト、タイトル、項目のリストなどが用意されています。基本的にブロック（段落）で配置されます
インライン	テキストの途中に挿入できるコンテンツの種類です。ユーザーやページ、日時などの値、数式などが用意されます
データベース	データベースを作成するためのものです
メディア	さまざまなメディアやファイル類を埋め込むものです
埋め込み	外部のWebサービス（GoogleドライブやTwitter、Googleマップなど）のコンテンツをページ内に埋め込むためのものです
アドバンスト	ベーシックより高度なコンテンツです。目次や折り畳める見出し、階層化されたリンクなどといったものがあります
ブロックタイプの変換	選択されているブロック（段落）を別の種類に変更するためのものです
アクション	削除や複製、移動などの機能を追加します
カラー	コンテンツのカラーを設定します
背景色	コンテンツの背景色を設定します

 ブロックとインライン

　コマンドを使ってページに追加するコンテンツは、大きく2つに分けられます。それは「ブロック」コンテンツと「インライン」コンテンツです。まずはこの違いを頭に入れておく必要があります。

・**ブロック**：「段落」として配置されます。すでにあるコンテンツの中に入れたりすることはできません。
・**インライン**：すでにあるコンテンツの中に挿入できます。

　コマンドの一覧にある「インライン」という項目にまとめられているものがインラインのコンテンツで、それ以外は基本的にすべてブロックのコンテンツと考えていいでしょう。

08 ブロックの操作

テキストブロックでブロックの操作を試す

では、ここではテキストブロックを使って、ブロックの操作を試してみましょう。「/」をタイプして現れたコマンドから「テキスト」を選びましょう。これで、テキストを直接記入できるブロックになります。そのままテキストを記入してみて下さい。

［Enter］キーで改行すると、次の段落が入力できます。次々と改行しながらテキストを入力していけます。

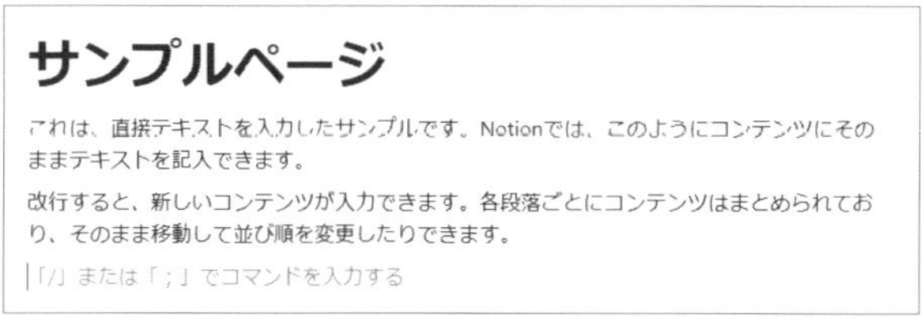

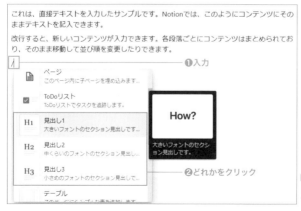

図1-8-1　テキストを直接入力する

入力中は、いつでも「/」でコマンドのリストを呼び出すことができます。では、改行して新しいブロックになったら、「/」キーを押してコマンドリストを呼び出し、「ベーシック」から「見出し」を選んでみましょう。これで、見出しとなるコンテンツを入力できます。

図1-8-2　「見出し」を選択すると見出しのテキストが作成できる

💡 ブロックの2つのアイコン

　見出しを記入したら、そのブロックの上にマウスポインターを移動して下さい。すると2つのアイコンが並んで表示されます（図1-8-3）。

❶「＋」アイコン

　新しいブロックを追加するものです。

❷ハンドルアイコン

　「＋」の右側にあるアイコンは、ドラッグしてブロックを移動するためのものです。

　この2つのアイコンは、すべてのブロックに表示されます。これを使って、コンテンツを挿入したり、ブロックを操作したりできます。

図1-8-3　コンテンツの左側には2つのアイコンがある

💡 ブロックを移動する

　では、見出しの左側にあるハンドルアイコンをマウスでドラッグしてみましょう。そして、その前に書いていたテキストのコンテンツの上あたりにドロップして下さい。すると、テキストコンテンツの上に見出しが移動します（図1-8-3）。

　このように、ページに配置したコンテンツは、ハンドルアイコンをドラッグして自由に配置場所を移動することができます。

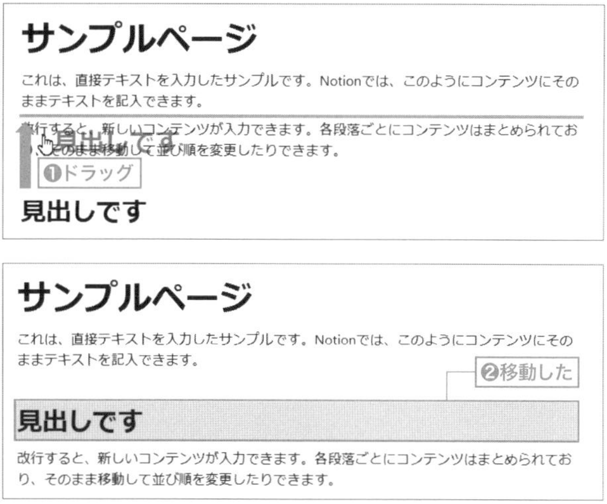

サンプルページ

これは、直接テキストを入力したサンプルです。Notionでは、このようにコンテンツにそのままテキストを記入できます。

改行すると、新しいコンテンツが入力できます。各段落ごとにコンテンツはまとめられており、そのまま移動して並び順を変更したりできます。

❶ドラッグ

見出しです

サンプルページ

これは、直接テキストを入力したサンプルです。Notionでは、このようにコンテンツにそのままテキストを記入できます。

❷移動した

見出しです

改行すると、新しいコンテンツが入力できます。各段落ごとにコンテンツはまとめられており、そのまま移動して並び順を変更したりできます。

図1-8-4　見出しのハンドルアイコンをドラッグし（上）、場所を移動する（下）

🔅 ブロックを横に並べる

　ブロックは、縦にのみ並べることができるのではありません。横に並べることもできます。すでにあるブロックの左右の端にブロックをドロップすると、横に並べてブロックを配置することができます。

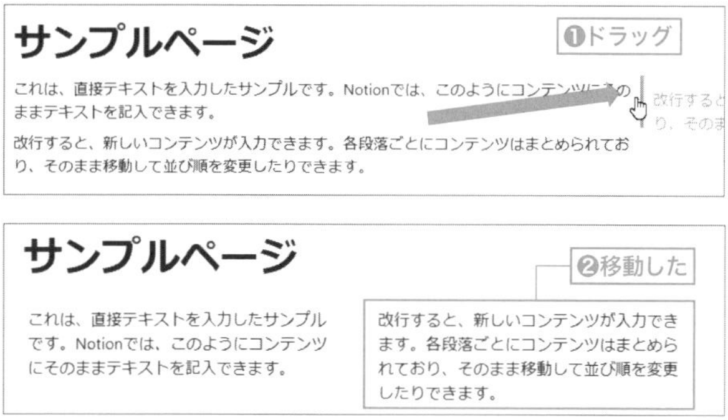

サンプルページ

❶ドラッグ

これは、直接テキストを入力したサンプルです。Notionでは、このようにコンテンツにそのままテキストを記入できます。

改行すると、新しいコンテンツが入力できます。各段落ごとにコンテンツはまとめられており、そのまま移動して並び順を変更したりできます。

改行すると
り、そのま

サンプルページ

❷移動した

これは、直接テキストを入力したサンプルです。Notionでは、このようにコンテンツにそのままテキストを記入できます。

改行すると、新しいコンテンツが入力できます。各段落ごとにコンテンツはまとめられており、そのまま移動して並び順を変更したりできます。

図1-8-5　ブロックの横にドロップすると（上）、ブロックを横に並べられる（下）

09 ブロックのアクション

　ハンドルアイコンは、ブロックの移動のためだけにあるのではありません。ブロックを操作するための機能もここから呼び出せます。

　ブロックのハンドルアイコンをクリックすると、ブロックを操作するためのメニューがポップアップ表示されます。このメニューにまとめられている機能は「アクション」と呼ばれるもので、選択されているブロックをいろいろと操作できます。

　用意されているアクションには以下のようなものがあります。

❶削除
ブロックを削除します。

❷複製
ブロックをその下に複製します。

❸ブロックタイプの変換
ブロックを別の種類に変更します。サブメニューから変更したい種類を選びます（図1-9-2）。

❹指定の場所でページに…
これを選ぶと、そのブロックをサブページとして指定のページの中に組み込みます。

❺ブロックへのリンクをコピー
ブロックへのリンク URL をコピーします。同期ブロックというものを作るときに使います。

❻別ページへ移動
サブメニューから選んだページにブロックを移動します。

❼コメント
ブロックにコメントを付けます。

❽カラー

色の変更をします。

中にはいくつか使い方がわからないものもあるでしょう。これらは、今すぐ覚えないといけないものではありません。「ハンドルアイコンをクリックすると、こうやってブロックを操作するアクションが選べるようになるんだ」ということだけ頭に入れておけば今は十分でしょう。

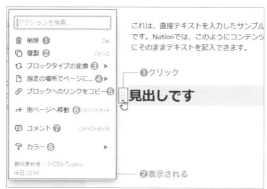

図1-9-1　ハンドルアイコンをクリックすると、ブロックのアクションがポップアップ表示される

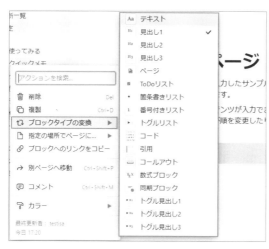

図1-9-2　「ブロックタイプの変換」を選ぶと、変換できるタイプが表示される

10 ページのアクション

　ページを操作するための機能（アクション）も用意されています。左側にあるページのリスト表示の部分にマウスポインタを移動して下さい。作成したページの項目にマウスポインタを移動すると、その右端に２つのアイコンが表示されます（図1-10-1）。

図1-10-1　ページのリスト表示にマウスポインタを当てると現れるメニュー

❶「…」アイコン
　クリックすると、ページを操作するメニューを呼び出します。

❷「+」アイコン
　クリックすると、ページ内にサブページを作成します。

　では、❶の … アイコンをクリックしてみて下さい。その場にメニューがポップアップして現れます。ここに、ページの操作に関するアクションがまとめられています。用意されている機能は以下のようなものです。

❸削除
　ページを削除します。

❹お気に入りに追加
　ページを「お気に入り」に設定します。

❺複製
　ページを複製します。

⑥リンクをコピー

ページのリンクURLをコピーします。

⑦名前の変更

ページの名前を変更します。

⑧別ページに移動

ページを別のページ内に移動します。

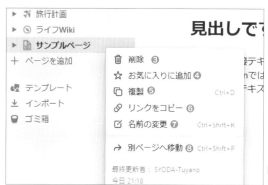

図1-10-2　ページの「...」アイコンを
クリックすると現れるメニュー

　「お気に入り」は、よく使うページをまとめておくためのものです。これを選んで
お気に入りに追加しておくと、それらのページが「お気に入り」というところにま
とめられます。「お気に入り」は、左側にあるページのリストの上の位置に表示され
ます。

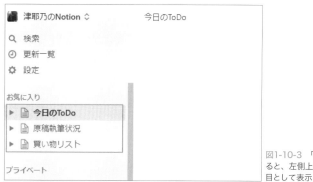

図1-10-3　「お気に入りに追加」をす
ると、左側上部に「お気に入り」の項
目として表示されるようになる

11 ページの共有について

　作成したページは、他の人と簡単に共有することができます。画面の右上にある「共有」という表示をクリックすると、共有に関する設定を行うパネルがポップアップして表示されます。ここに共有のための機能が用意されています（図1-11-1）。

　一番上にある「Webで公開」という項目は、このページをWebページとして一般公開するものです。このスイッチをONにするだけで、ページが一般公開されます。

　公開すると、その下に公開URLが表示されるようになります。これをコピーし、Webブラウザのアドレスバーにペーストしてアクセスをすれば、公開されたページを見ることができます。

　URLの下に以下のような項目が表示されます。

❶編集を許可	Notionで編集できるようにします
❷コメントを許可	Notionでコメントを付けられるようにします
❸テンプレートとして複製を許可	テンプレートとしてページを複製し利用できるようにします
❹ネット検索を許可	検索サイトで検索可能にします

　「ネット検索を許可」以外のものは、Webページとして公開されたものをそのまま編集やコメント付けするわけではなく、Notionでページを開いて編集したりコメントを付けたりできるようにするものです。もちろん、Notionでサインアップされていないとできません。

図1-11-1　「共有」をクリックし、「Webで公開」をONにすると、Webブラウザからアクセスしてページを表示できるようにする

ユーザーを招待し共有する

Notionユーザーとページを共有するには、右上の「共有」をクリックし、現れたパネルから「招待」ボタンをクリックします。画面にパネルが現れるので、そこで共有するユーザーのメールアドレスを入力し、「招待」ボタンをクリックします。これで、そのアカウントのワークスペースにページが追加され、共有できるようになります。

図1-11-2　共有パネルの「招待」ボタンを押すと、メールアドレスを入力するパネルが現れる

ワークスペースのアクセス権限

「共有」をクリックして現れるパネルでは、チームで利用するワークスペースを使っていると、そのワークスペース名が表示されます。パーソナルプランの場合は共有設定したメンバーが表示されます。

この部分をクリックすると、そのワークスペースまたは共有メンバーのアクセス権限がリスト表示されます（図1-11-3）。以下の項目から、設定したい権限を選ぶことができます。

❶フルアクセス権限	全員がすべての機能を使えるようになります
❷編集権限	ページの編集が行えます
❸コメント権限	コメントを付けられるようになります（編集はできません）
❹読み取り専用	表示だけで変更は一切できません
❺アクセス不可	アクセスできません

通常、チーム用のワークスペースを作成すると、デフォルトで「フルアクセス権限」が設定されています。パーソナルプランで共有した場合はメンバーごとに指定することもできるので、管理者のみフルアクセスにし、それ以外は編集権限にする、といった使い方ができます。

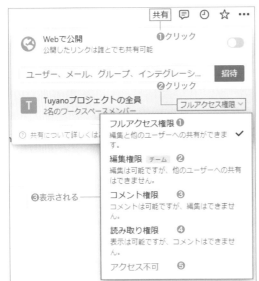

図1-11-3　チーム用ワークスペースのアクセス権限を設定できる

12 ページの表示設定

　ページの基本的なレイアウトやデザインは自動で行われます。ワープロなどと違い、細かくフォントサイズや左右の余白幅などを調整することはできません。

　ただし、簡単な表示に関する設定は用意されており、それを使って使いやすい表示に調整することはできます。これはページの右上にある ⋯ という表示にまとめられています。この部分をクリックするとメニューがポップアップして現れ、そこからページに関する設定を行うことができます。

　用意されているメニュー項目について以下にまとめておきましょう。

図1-12-1　右上の「…」で表示されるメニュー

❶スタイル

テキストコンテンツのスタイルを選択するためのものです。これはフォントの種類を指定するもので、以下の３つが用意されています。

－デフォルト

一般的なゴシック体で表示されます。

－Serif

日本語では明朝体で表示されます。

－Mono

等幅フォントで表示されます。

❷フォントを縮小

テキスト表示のフォントサイズを全体的に小さくするものです。フォントサイズに関する設定はこれだけで、細かく調整することはできません。

❸左右の余白を縮小

Notionのページは、横幅が広くなっても一定幅以上には広がらないようになっています。これをONにすると、Webブラウザの横幅を広げるとそれに合わせてコンテンツの表示エリアが横に広がるようになります。

❹ページをカスタマイズ

このメニューを選ぶと、ページの上部に表示されるバックリンクというリンクやコメントの表示を調整するためのメニューが現れます。

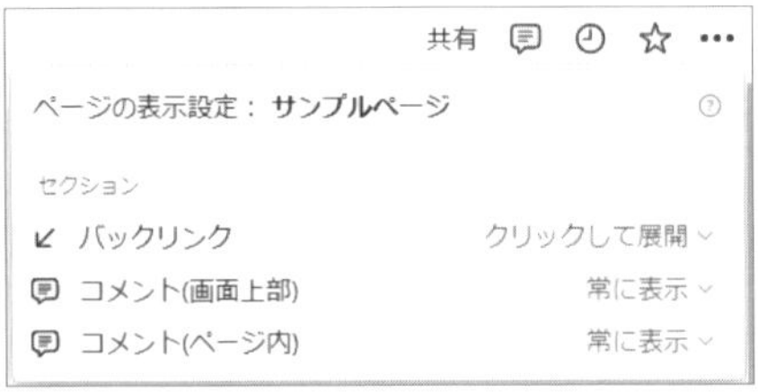

図1-12-2 「ページをカスタマイズ」を選ぶとこのようなメニューが現れる

❺ページをロック

ページをロックし、変更できないようにします。

⑥お気に入りに追加

　ページをお気に入りに追加します。これをクリックすると、左側のメニューに「お気に入り」という項目が追加され、そこにページが表示されるようになります。

⑦リンクをコピー

　ページのリンク（URL）をコピーします。

⑧（＜OS名＞）アプリで開く

　WindowsやmacOS用のアプリケーションがインストールされている場合は、これらのアプリでページを開きます。

⑨元に戻す

　いわゆるアンドゥ機能です。書き換える前の状態に戻します。

⑩ページ履歴

　ページの履歴を表示し、前の状態に戻すものです。これは有料版のみ利用可能です。

⑪削除されたページを表示

　Notionでは、削除されたページは「ゴミ箱」に入れられます。これは、ゴミ箱に入っているページを表示するものです。

⑫削除

　このページを削除します。

⑬インポート

　各種のファイルを読み込んでコンテンツとして追加します。メニューを選ぶと、インポート可能なファイル類がまとめられたパネルが表示されます。ここからインポートしたいファイルのボタンをクリックし、ファイルを選択するとその内容がページに読み込まれます（図1-12-3）。

⑭エクスポート

　ページのコンテンツをファイルに保存するためのものです。これを選ぶと画面にパネルが現れ、保存するファイルのフォーマット、保存するコンテンツの種類、サブページがある場合はそれも含めるかどうかを設定します。これらを設定し、「エクスポート」ボタンを押すと、ファイルに保存するダイアログが現れます（図1-12-4）。

図1-12-3 「インポート」を選ぶと表示されるパネル

図1-12-4 「エクスポート」を選ぶと表示されるパネル

⑮ Slack チャンネルに接続

チームコミュニケーションツール「Slack」に接続するためのものです。Slackに
サインインしている状態でこのメニューを選ぶと、新しいウィンドウが現れ、そこ
から Slack のワークスペースとチャンネルを選択します。接続すると、Notionの更
新情報が接続したSlackのチャンネルに送られるようになります（図1-12-5）。

図1-12-5 「Slackチャンネルに接続を選ぶと、Slackに接続するためのウィンドウが現れる

⓰別ページへ移動

他のページに移動します。このメニューを選ぶと、利用可能なページのリストがポップアップして現れます。ここからページを選ぶと、そのページに移動します。

図1-12-6 「別ページへ移動」を選ぶと、ページの一覧リストが表示される

13 ワークスペースとページの基本をしっかりと！

　このChapterで、ワークスペースを作成し、ページを作ってコンテンツを作る、Notionのもっとも基本的な部分は使えるようになりました。

　Notionの利用で最初につまずくのは、「見慣れたワープロや表計算といったビジネスツールとあまりに使い方が違う」という点です。1つのページに、どんなものも放り込んでおける、これは便利なようでいて、なかなか使いこなせるようになるのは難しいものです。どうしても「何を入れたらいいのか」「どう整理したらいいのか」といったことを考えてしまいがちです。

　Notionには、さまざまなコンテンツを保管することができます。こうしたコンテンツのバリエーションについて、次のChapterで説明しましょう。

Chapter 2

コンテンツを作成しよう

この章のポイント
- ベーシックブロックの使い方を覚えましょう
- さまざまなメディアやWebアプリケーションを埋め込んでみましょう
- 同期ブロックで1つのコンテンツを複数ページで使えるようになりましょう

01 ページで使える ベーシックコンテンツ

　ページは、必要なコンテンツのブロックを追加して作成していく、という基本は前Chapterでわかりました。では、具体的にどのような種類のコンテンツが用意されているのでしょうか。

　まずは「ベーシック」のコンテンツから使い方を覚えていきましょう。「ベーシック」コンテンツには、以下のようなものがあります。

●テキスト

　すでに使いましたね。テキストをコンテンツとして配置するものです。すでに説明したように、テキストは段落単位で作成されます。

　入力したテキストは、マウスで選択するとスタイルを変更するバーがポップアップして現れます（図2-1-1）。これを使い、細かくスタイルの設定なども行えるようになっています。

　Notionのテキストは、「Markdown」という記法に対応しています。特殊な記号を使うことで、見出しやリストなどを簡単に指定できるもので、これを活用するとマウスでメニューを選んだりすることなく、テキスト入力だけでドキュメントを記述していけます（Markdownについては本書では特に説明しません。興味ある人は別途学習して下さい）。

図2-1-1　「テキスト」のコンテンツ。テキストを選択すると、スタイル設定のパレットが現れる

●ページ

　ページを埋め込むためのものです。「/」キーを押して現れるメニューから「ページ」を選ぶと、新しいページが作成され、そのページのリンクが埋め込まれます。ページの埋め込みについてはP.060でも説明します。

図2-1-2　「ページ」を追加するとリンクが埋め込まれる

● ToDo リスト

チェックリストのコンテンツです。「/」キーのメニューから「ToDoリスト」を選ぶと、チェックボックスが表示されたブロックが追加されます。テキストを記入し［Enter］すると、次のチェック項目が入力できます。こうして［Enter］しながら連続してチェック項目を作成していけます。

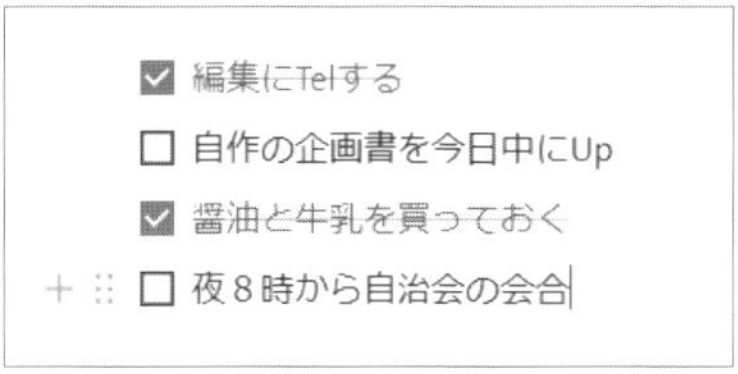

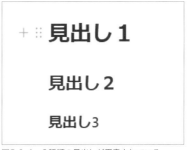

図2-1-3　「ToDoリスト」ではチェックボックスのついた項目を続けて作成する

作成した項目は、チェックをONにすると、テキストがグレーになり取り消し線が表示されます。

● 見出し

ページに長いコンテンツを作成するようなとき、適時見出しをつけておきたいでしょう。そのような場合、「/」キーのメニューから「見出し1」～「見出し3」を選ぶことで見出しのテキストを作成できます。

見出しは大きさの異なるものが3種類用意されています。これらは単に大きさが異なるだけでなく、見出しのレベルも異なります。Notionでは、目次をコン

図2-1-4　3種類の見出しが用意されている

テンツとして作成できますが、これら3種類の見出しは自動的に階層化され目次として表示されます。

● テーブル

ページ内にテーブル（表のように縦横に値を並べて表示するもの）を作成するためのものです。「/」キーのメニューから「テーブル」を選ぶと、横2列×縦3行のテーブルが追加されます。この1つ1つのセルに値を入力し、表を作成できます。

図2-1-5　「テーブル」では、簡単な表を作成できる

テーブルの列数・行数は、テーブルの右端と下端に表示される「+」部分をドラッグして増やすことができます。またセルをクリックするとテーブル上部にバーが現

れ、最上行や最左列を見出しに設定したり、テーブルの横幅をページ幅に揃えたりできます。

● 箇条書き／番号付き リスト

ToDoリストのように、いくつもの項目をリストとして並べるブロックは他にもあります。「箇条書きリスト」は、項目の冒頭に●をつけて表示されます。「番号付きリスト」は、1から順に番号をつけて表示されます。

これらは、「/」キーのメニューを選んで項目を作成したら、[Enter] キーで改行することで連続して項目を入力していけます。

- 箇条書き1
- 箇条書き2
- 箇条書き3

1. 番号付きA
2. 番号付きB
3. 番号付きC

図2-1-6　箇条書きリストと番号付きリスト

● トグルリスト

リストの中でも少し特殊な働きをするのがトグルリストです。これは、項目の中にサブ項目としてコンテンツを組み込んでおけるものです。左端には▶アイコンが表示されており、これをクリックして内部のコンテンツを表示したり、非表示に戻したりできます。

これも [Enter] キーを押すと同じトグルリストの項目が追加されます。そうして「項目を書いてはEnter」を繰り返すことでリストを作成していけます。

このトグルリストは、「リスト」とついてはいますが、あまりリストとして使うことを考えなくともいいでしょう。「クリックしてコンテンツの表示をON/OFFできるもの」と考えておきましょう。

▼ トグルリスト1
　　リスト1の中の項目。
▼ トグルリスト2
　　リスト2の中の項目。
＋ ⋮ ▶ トグルリスト3
❶クリック

▼ トグルリスト1
　　リスト1の中の項目。
▼ トグルリスト2
　　リスト2の中の項目。
▼ トグルリスト3 ──❷表示される
　　リスト3の中の項目。

図2-1-7　トグルリストは内部の項目を階層的に追加し、ON/OFFできる（左：ON、右：OFF）

●引用／区切り線／ページリンク／コールアウト

この他、ページに用意するベーシックブロックとして、以下のような項目が用意
されています。

❶引用	テキストを引用として表示します
❷区切り線	ページを区切る横線を表示します
❸ページリンク	ページに移動するリンクを追加します。「/」キーのメニューから「ページリンク」を選ぶと、ページの一覧が現れ、そこから選んだページのリンクが挿入されます
❹コールアウト	テキストの背景に色を付け、目立つようにします

図2-1-8 引用、区切り線、ページリンク、コールアウトの例

02 インラインコンテンツについて

続いて、「インライン」コンテンツについてです。前節で説明した「ベーシック」コンテンツは、基本的に「ブロック」として配置されるものです。これは1つの段落として追加されます。ブロックを横に並べたりすることはできますが、1つのコンテンツ内に別のブロックを追加したりすることはできません。ブロックは基本的にすべて独立したコンテンツとして扱えるようになっているのです。

これに対し、インラインのコンテンツは、ブロック内のコンテンツ（テキストなど）の中に挿入することができます。このインラインコンテンツは、「/」キーのメニューにある「インライン」にまとめられています。

では、どのようなコンテンツが用意されているのか簡単にまとめましょう。

図2-2-1 「インライン」にインラインコンテンツがまとめてある

❶ユーザーをメンション

「メンション」というのは、特定のユーザーなどに話しかけるのに使うものです。Notionでは、「@アカウント」という形で記述することで、そのユーザーにメンションすることができます。「/」キーのメニューから「ユーザーをメンション」を選ぶと、その場でチームのメンバーがポップアップして現れます。そこからメンションした

図2-2-2 「ユーザーをメンション」を選ぶと、メンバーがポップアップして現れる

いメンバーを選択するとメンバーのアカウントが書き出され、メンションされます（※パーソナルプランの場合、メンションできるユーザーは自分自身とページを共有しているユーザーのみになります）。

他のメンバーにメンションされると、メールで通知が送られる他、Notionの左側にあるメニューの「更新一覧」に更新を表す表示（「1」など新しい更新数）が表示されます。この項目をクリックすると、「受信トレイ」というところにメンションされた情報が表示され、クリックするだけでそのページのコンテンツに移動できます。

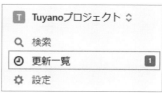

図2-2-3　「更新一覧」にマークが表示され、クリックすると「受信トレイ」にメンションされた情報が表示される

❷ページをメンション

　メンションは、ページに対しても行えます。「/」キーのメニューから「ページをメンション」を選ぶと、用意されているページがポップアップして一覧表示されます。そこからページを選択すると、そのページがメンションされます。

　なお、ポップアップメニューにページが表示されていない場合も、そのままページのタイトルを入力していくと、リアルタイムにポップアップ表示されるページが更新され、そのタイトルのページを選択できるようになります。

図2-2-4　「ページをメンション」メニューを選ぶと、ページのリストがポップアップして表示される

　ページをメンションすると、メンションされたページのタイトル下に「バックリンク」という表示が追加されるようになります。これはリンクになっており、クリックするとメンションしているページがポップアップして表示されます。ここから項目をクリックすれば、そのページのコンテンツにジャンプします。

図2-2-5　メンションされたページでバックリンクをクリックすると、メンションしているページのリストが現れる

❸日付またはリマインダー

日付の入力は、専用のインラインコンテンツとして用意されています。「/」キーのメニューにある「日付またはリマインダー」を選ぶと「今日」「明日午前9時にリマインドする」といったメニューが現れます。前者は日付を、後者は日時を指定するものです。

図2-2-6　「日付またはリマインダー」メニューでポップアップされるメニュー

入力された日時の値は、クリックするとカレンダーがポップアップし、変更することができます。このカレンダー表示にある「リマインド」という項目から通知をする時間を選択すると、リマインダーが設定され、その時間に通知がされるようになります。

図2-2-7　日時の値をクリックすると（左）、カレンダーが現れ値を設定できる（右）

　リマインダーが設定された時間になると、Notionの「更新一覧」に通知がされます。「受信トレイ」にリマインダーの表示がされるようになります。同時にメールでも通知が送られます。

図2-2-8　「更新一覧」の「受信トレイ」にリマインダーの通知が届く

❹絵文字

　「/」キーのメニューにある「絵文字」は、絵文字を入力するためのものです。これを選ぶとパレットが現れ、そこから絵文字を選択できます。

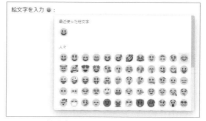

図2-2-9　絵文字の入力用パレット

❺インライン数式

　数式の入力は、ブロックとインラインの両方が用意されています。「/」キーのメニューから「数式」を選択すると、数式を記述する入力フィールドが表示されます。そこに数式を記述して「完了」ボタンを押せば、数式が表示されます。

　この数式は、KaTeXというWebで数式を表示するためのライブラリプログラムを採用しており、この仕様に沿って関数などを記述することで複雑な数式を記述できるようになっています。KaTeXの仕様については以下で公開されていますので、興味ある人は調べてみて下さい。

https://katex.org/docs/support_table.html

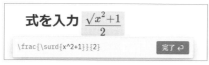

図2-2-10　数式を記入するとそれがレイアウトされて表示される。

🔆 @によるショートカット

　これらのインラインコンテンツの中でも、特に多用されるのが「メンション」と「日付（リマインダー）」でしょう。これらの機能は、テキストの入力中にいつでも簡単に挿入できるようになっています。@記号をタイプすると、その場にメニューがポップアップされ、メンションや日付、ページリンクといったものを挿入できるようになっています。

　ただし日本語で利用している場合は注意が必要です。@キーによるメニュー呼び出しは、単語の入力中は機能しません。新たな単語を記入する際にのみ働きます。日本語の場合は、半角入力モードにしてから@キーを打てばメニューが現れます。半角スペースを入れずにタイプしてもただ@の文字が表示されるだけなので注意しましょう。

図2-2-11　@キーを押すとメンションや日付入力のためのメニューがポップアップして現れる

03 メディアを挿入する

　Notionでは、テキストベースのコンテンツを簡単に作成できるのは確かです。しかし真骨頂はなんといっても「さまざまなメディアのデータを埋め込める」という点にあります。

　「/」キーで現れるメニューには「メディア」という項目があり、そこに各種メディアのメニューが並んでいます。ここからメニューを選ぶだけで各種メディアのデータを埋め込むことができます。

図2-3-1　「メディア」に各種メディアのデータを埋め込むメニューが用意されている

メディアの埋め込み

　メディアの埋め込みは、種類が異なっても基本的にはほぼ同じです。「画像」「動画」「オーディオ」「ファイル」といった項目については、「/」キーのメニューにある「メディア」から埋め込みたいメディアの項目を選ぶと、埋め込むファイルを指定するためのパネルがポップアップ表示されます。

　このパネルには「アップロード」と「リンクを埋め込む」が用意されています。「アップロード」には「○○を選ぶ」とボタンが表示され、クリックしてファイルを選択するとそれがアップロードされます。「リンクを埋め込む」ではリンクを貼り付けるフィールドが用意されており、ここにコピーしたURLをペーストしてボタンを押すとリンクしたメディアが埋め込まれます。

図2-3-2　メディアの埋め込みでは「アップロード（左）」と「リンクを埋め込む（右）」が用意されている

💡 埋め込まれたメディアの表示

「メディア」に用意されている項目は6種類あります。これらはそれぞれ埋め込んだ際の表示の仕方などが微妙に異なります。

●画像

イメージファイル全般を埋め込みます。JPEG、PNG、GIF などWeb で使えるフォーマットは基本的にすべて利用できます。

埋め込まれたイメージの左右には縦長のハンドルが表示され、この部分をドラッグすることでイメージの表示サイズを変更することができます。

図2-3-3　画像の埋め込み表示

●Webブックマーク

Web ページの URL をブックマーク的に埋め込むためのものです。URL をペーストして埋め込むと、そのページのタイトルと URL が表示されます。イメージなどがある場合は、縮小されて表示されます。

この埋め込み表示は全体がリンクになっており、クリックすると埋め込んだ Web ページが開きます。

図2-3-4　Webブックマークの表示

●動画

動画を埋め込みます。ファイルをアップロードする他、YouTube など Web ページへの埋め込みに対応しているストリーミングサービスならば、URL を指定して埋め込むことができます。埋め込まれた表示は、画像の埋め込みと同様、左右に縦長のハンドルが表示され、これをドラッグすることで大きさを変更できます。

埋め込まれた動画は、そのままク
リックして再生することができます。

図2-3-5　動画の表示

●オーディオ

　オーディオファイルを埋め込みます。これもファイルをアップロードする他、
Webページへの埋め込みに対応しているストーミングサービスのURLを指定して
埋め込めます。サポートしているフォーマットは、.wavや.mp3など、Webページ
で再生可能なものです。MIDIファイル（.mid）などはオーディオファイルとしては
サポートされていません。

　埋め込むと、再生ボタンと再生時間
を表すバーが表示され、その場で再生
することができるようになります。

図2-3-6　オーディオの表示

●コード

　プログラミング言語によるソースコードを埋め込むためのものです。これはコピー
&ペーストを使ってコードを表示するものです。「/」キーのメニューから「コード」
を選ぶと、コードを表示するブロックが追加されるので、そのままコードをペース
トします。

　ブロックの左上には使用言語を選択するボタンがあり、ここから使いたい言語を
選べば、その言語の文法に従ってコードがフォーマットされます。

図2-3-7　コードの表示。左上のボタンをクリックして「言語の設定」をクリ
ックすると（左）、対応言語が選択できる（右）

●ファイル

　その他、ファイルをアップロードして共有するようなときに使います。ファイルをアップロードするとリンクが作成され、クリックするとダウンロードできます。

図2-3-8　ファイルの表示

アップロードはファイルサイズに注意！

　ファイルをアップロードする場合、注意したいのはファイルサイズです。無料のアカウントの場合、アップロードサイズは最大5MBまでになっています。それ以上のものはアップロードできません。

　チームで利用する場合、ファイルサイズは無制限なので、大きなファイルも安心してアップロードできます。

04 Webアプリケーションの挿入

Notionでは、Webベースで提供されているアプリケーションについても挿入することができます。これらは、「/」キーのメニューに「埋め込み」という項目としてまとめられています。ここには非常に多くのWebアプリケーションが用意されています。中には日本では余り馴染みのないものもありますので、比較的よく利用されているものに絞って紹介しておきましょう。

● Googleドライブ

Googleドライブからファイルを選択し埋め込みます。これを選ぶと、画面に小さなパネルがポップアップして現れ、「リンクを埋め込む」「Googleドライブを閲覧する」といった表示がされます。

「リンクを埋め込む」を選択すると、Googleドライブに保管されているファイルのURLを入力するフィールドが表示されます。

図2-4-1　Googleドライブでは、「リンクを埋め込む」と「Googleドライブを閲覧する」のパネルが表示される

「Googleドライブを閲覧する」を選ぶと、利用可能なGoogleアカウント名が表示されるので、それをクリックするとGoogleドライブにあるファイルを選択するパネルが開きます（図2-4-2）。そこからファイルを選択して埋め込みます。

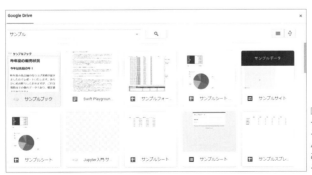

図2-4-2　「Googleドライブを閲覧する」で使用するGoogleアカウントを選ぶと、Googleドライブにあるファイルをブラウズするパネルが現れる

埋め込まれたファイルは、その内容をプレビューとして表示するようにしてページに配置されます（図2-4-3）。Googleドライブで利用できるものであれば、基本的にすべてプレビューに対応しています。GoogleシートやGoogleドキュメントだけでなく、例えばGoogle Colaboratoryというプログラミングツールのファイルもプレビュー表示できます。

　ただし、これはあくまでプレビュー表示であり、そこからファイルのデータを編集するなどは行えません。クリックするとそのファイルが開かれるので、オリジナルのファイルを開いて編集して下さい。

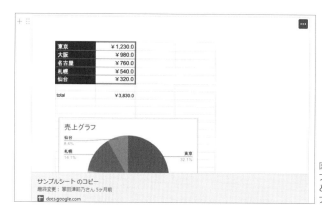

図2-4-3　Googleドライブのファイルを埋め込むと、そのファイルの内容がプレビュー表示される

●Twitter

　Twitterでは、投稿されているツイートをページに埋め込むことができます。「/」キーのメニューには「ツイート」という項目として用意されています。このメニューを選ぶと、ツィートのURLを入力するパネルが現れるので（図2-4-4）、ここにURLをペーストします。

図2-4-4　「ツイート」メニューを選ぶと、ツイートのURLを入力するパネルが現れる

「ツイートを埋め込む」ボタンをク
リックすると、ツイートが埋め込まれ
ます（図2-4-5）。埋め込まれたツイー
トは、クリックすると元のツイートが
表示されるリンクになっています。

図2-4-5　埋め込まれたツイート

● Googleマップ

Googleマップは、表示しているマッ
プのURLを使って埋め込むことができ
ます。「/」 キ ー の メ ニ ュ ー か ら
「Googleマップ」を選ぶと、パネルが
現れるので、コピーしたGoogleマッ
プのURLをペーストしボタンを押すと
埋め込まれます（図2-4-6）。

図2-4-6　Googleマップを埋め込んだもの

　埋め込まれたマップは、単にプレ
ビュー表示されるだけでなく、そのままマウスで表示を操作できます。また埋め込
まれたマップの左右と下には細長いハンドルが表示され、そこをドラッグすること
で大きさを変更できます。

● GitHub Gist

　GitHub Gistは、GitHubというプログラムのソースコードのホスティングサイ
トに用意されているサービスです。ソースコードをその場で簡単に公開し共有する
ことができます。

　Gistで公開したソースコードのURL
をコピーし、「/」キーのメニューから
「Github Gist」を選んでURLをペース
トしボタンを押せば、ソースコードが
ページに埋め込まれます。

　ただ、本書執筆時点では、埋め込ま
れたコードの上下に不必要な空間が空い
ています（図2-4-7）。ソースコードを
埋め込むなら、「メディア」にある「コー
ド」を利用したほうがいいかもしれませ
ん。

図2-4-7　GitHub Gistを埋め込んだもの。コードの
下に余計な空間が空いてしまう

●PDF

PDFファイルは、Web上で公開されている場合はURLで、またファイルとして用意している場合はファイルをアップロードして埋め込むことができます。「/」キーのメニューから「PDF」を選ぶと、「アップロード」と「リンクを埋め込む」という表示がされた小さなパネルが現れます（図2-4-8）。ここで「アップロード」を選択すると「ファイルを選択」というボタンが表示され、これを使ってファイルをアップロードできます。「リンクを埋め込む」を選択した場合は、公開されたPDFのURLをペーストするフィールドが表示されます。

埋め込まれたPDFは、埋め込みエリアの左右と下部に表示されるハンドルを使って大きさを変更できます（図2-4-9）。またマウスホイールを使ってその場でスクロールすることもできます。

図2-4-8 「PDF」メニューを選ぶと、ファイルアップロードとリンクの埋め込みが行える

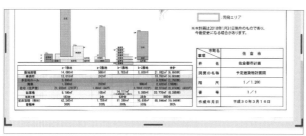

図2-4-9 埋め込まれたPDF。大きさの変更や表示のスクロールができる

●埋め込み

Notionは多数のWebアプリケーションに対応していますが、「対応しているのかどうかよくわからない」「いちいち探すのが面倒」というなら、「埋め込み」メニューを使うのがいいでしょう。

これは、URLを使ってWebページを埋め込むための汎用メニューです。このメニューを選ぶと、URLを入力するパネルが現れます（図2-4-10）。ここに埋め込みたいWebページのURLをペーストし、「リンクを埋め込む」ボタンを押せばそのページが埋め込まれます。

図2-4-10 「埋め込み」
メニューで表示されるパ
ネル

　埋め込まれたWebページは、左右と下部のハンドルをドラッグして表示の大き
さを調整できます。また表示されるページは、単にプレビューではなくちゃんと
Webページとして動いており、そのまま操作することができます。

　Webの埋め込みは、とりあえずこの「埋め込み」を使えばほぼ問題なく埋め込め
るでしょう。

図2-4-11　埋め込んだ
Webページは、そのまま
操作できる

05 コメントを付ける

　これでページに追加できる主なコンテンツについては一通り説明しました。後は、作成したコンテンツをいかに活用していくか、を考えましょう。

　まず、チームでコンテンツを共有している場合の「コメント」についてです。Notionには、大きく２つのコメント機能があります。１つは「ページのコメント」、もう１つは「コンテンツのコメント」です。

　まずは、ページのコメントから使ってみましょう。ページのコメントは、ページのタイトル表示の上にある「コメントを追加」というリンクから行います。これをクリックすると、タイトルの下にコメントを入力する欄が追加されます。ここにコメント文を書き、[Enter] キーを押すとコメントが投稿されます（図2-5-1）。

図2-5-1　「コメントを追加」をクリックすると（左）、コメントが入力できる（右）

　投稿したコメントは、タイトル下に表示されます。その下には新たなコメントを入力できるようになっており、いくつでもコメントを付けられます。

　チームで共有しているページの場合、権限を持っているメンバーならば誰でもコメントを追加することができます。

図2-5-2　コメントはタイトルの下に表示される

💡 コンテンツにコメントを付ける

　ページに作成したコンテンツにコメントを付けることもできます。この場合は、コンテンツの左上に表示されるハンドルアイコンをクリックし、現れたメニューから「コメント」を選びます。

図2-5-3　ハンドルアイコンのメニューから「コメント」を選ぶ

　メニューを選ぶと、コンテンツの右側または下部にコメントのエリアが追加され、そこにテキストを記入できるようになります。コメント文を書き、[Enter] すればコメントが追加されます。

図2-5-4　コメントを入力する

💡 コメントサイドバーについて

　コメントは、ページやコンテンツごとに表示されますが、投稿されたコメントを
まとめてチェックしたいときはコメントサイドバーが便利です。

　右上にある吹き出しの形のアイコンをクリックすると、ページの右側にコメント
をリスト表示するサイドバーが現れます。ここでコメントをまとめてチェックでき
ます。

図2-5-5　コメントサイドバーのアイコンをクリックすると（左）、右側にコメントの一覧リストが表示され
る（右）

　各コメントには、それがどこ
に付けられたものかがわかるよ
うになっています。ページであ
ればページのリンクが付けられ、
コンテンツならばそのコンテン
ツのプレビューが表示されます。

図2-5-6　コンテンツに付けたコメントは、コンテンツのプレ
ビューが表示される

💡 更新一覧の表示

　コメントが付けられると、左側にある「更新一覧」にも更新情報が追加されます。特にチームの誰かがコメントを付けたような場合は、コメントが追加されていることに気がつかないこともあるでしょう。「更新一覧」は、更新情報がすべてまとめられていますから、チームで利用している場合、必ずチェックしましょう。

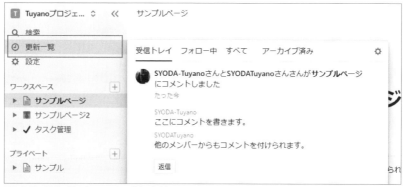

図2-5-7　更新一覧にもコメントの情報が追加される

💡 コメントは確認用！

　とてもきめ細かに整備されているコメント機能ですが、「これは一体、どう使うんだ？」と思った人もいるかもしれません。

　コメントは、「後でチェックするための印」として使えます。チームで利用している場合は、「このコンテンツは修正したほうがいいか確認しよう」というような時にコメントを付けておけば、後でチェックできます。

　個人利用の場合も、「これは後でチェックしよう」と思ったところにコメントを付けておけば、忘れないで済みます。特にコンテンツのコメントは、コンテンツの横に常に表示されますから、うっかり忘れてしまった、という心配もないでしょう。

　コメントは、右側に「解決」という表示が付けられています。「確認した」というときは、これをクリックすれば削除されます。ただし、「解決」はコメントした当人しかできないので注意しましょう。

06 ページの埋め込み

Chapter2-1で、ページにページを埋め込む方法について紹介しましたが、ここでもう少し詳しく説明します。Notionでは、ページは階層的に組み込むことができます。

ページの中にページ（サブページといいます）を作成する方法はいくつかあります。最も簡単なのは、画面左側のページリストが表示されているところで、ページ名の横にある「＋」をクリックする方法でしょう。

図2-6-1　ページの「＋」をクリックすると、サブページが作られる

「＋」をクリックすると（図2-6-1）、画面に新しいページを作成するためのパネルが現れます（図2-6-2）。ここにタイトルを入力し、コンテンツを作成します（図2-6-3）。

コンテンツは、ここですべて用意する必要はありません。とりあえずタイトルだけ書いておけばいいでしょう。

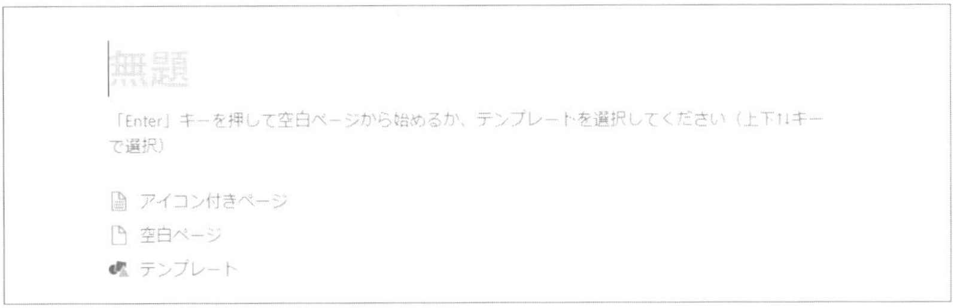

図2-6-2　新しいページを作成するパネル

図2-6-3　タイトルだけ記入しておこう

作成されたページは、左側のページリストに追加されます。ページの表示部分は階層的に表示されるようになっており、ページの中にあるサブページは右側にインデントして表示されます（図2-6-4）。

図2-6-4　左側のページリストを見ると、サブページが追加されているのがわかる

　「サブページが表示されない！」という人は、ページの左端にある▶をクリックしましょう。これで、折りたたまれて非表示になっていたサブページが展開表示されるようになります。
　サブページの作成は、この他、「/」キーで呼び出されるメニューから行うこともできます。「ベーシック」にある「ページ」を選択すれば、新しいページが作成されます（図2-6-5）。

図2-6-5　「ページ」メニューを選んでもサブページは作れる

07 ブロックの埋め込み

　コンテンツの埋め込みを考えるとき、「すでにあるコンテンツ」をどう再利用するかも重要です。単純なテキストならばコピー＆ペーストで新たに追加すればいいでしょうが、複雑なデータや巨大なデータは、使うたびに新たに追加するのは労力の無駄でしょう。すでにあるコンテンツを他の場所でも利用できるようにしたほうが遥かに便利です。

　これは、実は簡単に行えます。まず、再利用したいブロックの左端にあるハンドルアイコンをクリックし、メニューを呼び出します。そして「ブロックへのリンクをコピー」を選びます（図2-7-1）。

図2-7-1 「ブロックへの
リンクをコピー」メニュー
を選ぶ

　そのまま、ブロックを利用したいページを開き、追加したい場所をクリックしてリンクをペーストします。すると、メニューがポップアップして現れます（図2-7-2）。「URLをそのまま貼り付ける」を選ぶと、URLがテキストとして追加されます。

　もう1つの「同期ブロックとして貼り付け」を選ぶと、URLが消え、代わりにコピーしたブロックが表示されます。

サンプル

https://www.notion.so/2fc13c1dd01142efb9db2c1062b3de88#2ac034b9a51643769d3dd2259ec07
6c8

URLをそのまま貼り付ける

同期ブロックとして貼り付け

図2-7-2　ここでは「同期ブロックとして貼り付け」を選ぶ

同期ブロックについて

　作成されたブロックは、「同期ブロック」と呼ばれるものです。これは、すでにあるブロックと同期して表示が更新されるブロックです。

　表示が同期しているため、元のブロックのコンテンツを変更すると、同期ブロックの表示も同時に変更されます。常にオリジナルのブロックと同じものが表示されるのですね。

　同期ブロックは、赤い枠線で囲われて表示されるため、ひと目でわかります。またクリックすると右上に「他〇〇ページの編集」「コピー」と表示されたパレットが表示されます（図2-7-3）。「コピー」をクリックすれば、いつでもブロックをコピーして同期ブロックを作成できます。

図2-7-3　同期ブロック。右上にパレットが追加される

「他○○ページの編集」をクリックすると、現在、ペーストされているすべてのブロックがリスト表示されます（図2-7-4）。ここからページを選択すると、そのページの同期ブロックにジャンプできます。

図2-7-4　現在、使われているすべてのブロックがリスト表示される

 同期の解除

同期ブロックは、常にオリジナルと同じ表示がされます。場合によっては、使っている内に「もう同期しなくていい」ということもあるでしょう。

そのような場合は、ブロックの右上にある … をクリックし、現れたメニューから「同期を解除する」を選んで下さい。画面に解除を確認するアラートが表示されるので、「同期を解除」ボタンを選べば、同期が解除され、オリジナルとは別のブロックとしてコンテンツが用意されるようになります。解除したブロックは、オリジナルのブロックとは別のものですから、自由に編集できるようになります。

コピー元のブロックの … には、「すべての同期を解除する」というメニューが用意されています。これを選ぶと、利用しているすべての同期ブロックの同期が解除され、すべて別々のコンテンツとして扱われるようになります。

図2-7-5　「同期を解除する」を選ぶと、オリジナルとは別の独立したコンテンツとなる

Chapter 3

データベースの基本を
マスターしよう

この章のポイント
- テーブルの基本操作を覚えましょう
- プロパティの種類はどんなものがあり、どう違うのか理解しましょう
- データベースとビューの関係についてしっかり理解しましょう

01 Notionのデータベース機能

　ここまでで、Notionの基本的なコンテンツについては一通り説明をしました。しかし、実をいえばまだ重要なコンテンツについて説明をしていません。それは、「データベース」です。

　Notionでは、複雑な内容のデータを蓄積していけるコンテンツがいくつも用意されています。以下のようなものです。

テーブル	スプレッドシートのように、縦横にセルが並んだものです。データを入力し、計算したりするのに適しています
ボード	データをカード上にまとめ、種類ごとに並べて整理するものです
リスト	シンプルな一覧形式です。基本的には見出しだけを一覧で表示します
カレンダー	予定を管理するものです
タイムライン	日時を軸に予定の進行状況を管理するものです
ギャラリー	イメージや動画などを並べて表示するものです

　これらは単にコンテンツとして配置するだけでなく、そこにデータをどんどん追加していくことができます。追加したデータはNotionのサーバーに保管され、いつでもアクセスし表示することができます。

　こうしたことができるのも、Notionに用意されているデータベース機能のおかげなのです。

💡 データベースとビュー

　Notionのデータベースを利用するとき、よく理解しておかなければいけないのが「データベース」と「ビュー」の関係です。

　Notionにはデータベースの機能があります。そして、このデータベースをさまざまなレイアウトで表示するのが「ビュー」です。「テーブル」や「カレンダー」といったものは、正確にはデータベースではなく、「ビュー」なのです。データベースのデータ（データソースといいます）をどのようにレイアウトして表示するかによってテーブルになったり、カレンダーになったりしているのですね。この「データをいかに表示するか」を扱うものが「ビュー」なのです。また、1つのデータベースに対して設定できる「ビュー」は一度作ったら固定というわけではなく、他の形式に切り替えることも可能です。

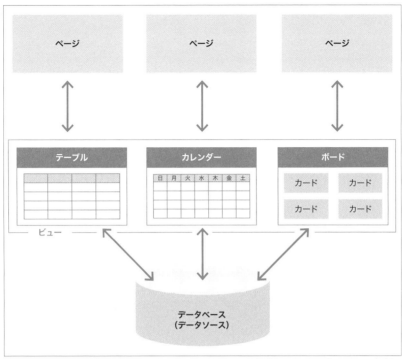

図3-1-1　データベースは、ビューにより表示されるレイアウトなどが指定できる。このビューをページに埋め込むことで、さまざまな形でデータを表示できるようになる

02 テーブルビューで データベースを作ろう

では、実際にデータベースを利用してみましょう。まずは、データベースの基本ともいえる「テーブル」ビューからです。

左側に表示されているページリストの「ページを追加」をクリックし（P.017の図1-6-1参照）、新しいページを作りましょう。タイトルには適当に名前を入力して下さい（ここでは「サンプルテーブル」としておきました）。

なお、タイトル入力後に［Enter］を押すという操作は、「自動的に空白ページのテンプレートを使ってページを作る」という働きをします。これを行うとテンプレートを選択できなくなってしまうため、今回はタイトル入力後、［Enter］を押さないで下さい（もし押した場合は［Backspace］で戻ります）。

タイトルの下には、そこに用意するコンテンツが一覧で表示されます。この中から「データベース」という項目にある「テーブル」をクリックしましょう。これで、テーブルのページが作成されます。

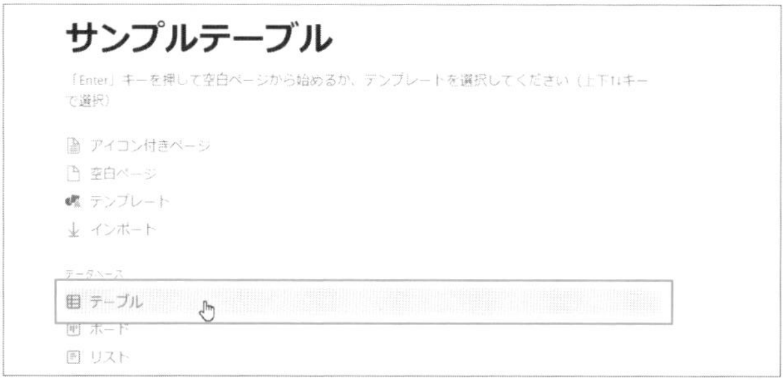

図3-2-1 新しいページを作り、「テーブル」を選択する

> **データベースにはフルページとインラインがある**
>
> データベースは大きく2つのものに分かれます。それは「フルページ」と「インライン」です。
>
> フルページは、今回作成したデータベースです。フルページで作成すると、そのページにデータベース以外のブロックは入れられません。これに対して、1つのページの中に他のブロックと一緒に入れられるのがインラインです。
>
> 両者の違いは「データベース単体で表示されるか、ページの中に組み込んで表示するか」であり、データベースとしての機能はまったく同じものです。
>
> なお、「インライン」のデータベースについては、「4-12 もっと柔軟に使おう」（P.121）で解説します。

新しいデータベースを用意する

　新しいテーブルのビューが作られ、右側に「データソースを選択する」という表示が現れます。「データソース」とは、Notionのサーバー内に保存されているデータベースのデータ部分のことです。ここでは、すでにあるデータソースを使うか、新たにデータソースを作成するかを指示します。すでにデータベースを使ったことがある場合は、ここにそのデータソースが表示されます。

　今回は新しいデータベースを作成しましょう。画面右側で「新規データベース」をクリックして下さい。

図3-2-2　「データソースを選択する」から「新規データベース」を選ぶ

図3-2-3　新しいテーブルが使えるようになった

　新しいデータベースが設定され、テーブルが使えるようになりました。後は、ここにデータを入力していけばいいのです。

03 列（プロパティ）の編集

　テーブルは、縦横にセルが並んだ形をしています。データを入力する場合、まず「どういう値を入力するか」を考える必要があるでしょう。テーブルでは、その入力する項目を「列」として用意し、実際のデータを「行」として作成していきます。

　Notionでは、入力項目である「列」は「プロパティ」と呼ばれます。データを作成する場合、まず「列（プロパティ）」を用意します。

　テーブルには、デフォルトで「名前」「タグ」といったプロパティが作成されているでしょう。保管するデータの内容を考え、このプロパティを変更あるいは追加していきます。

　今回は、簡単な売上データを記録してみることにしましょう。まず、左端の「名前」プロパティを変更します。「名前」という表示をクリックすると、メニューがプルダウンで現れます。ここから「名前を変更」メニューを選んで下さい（図3-3-1）。

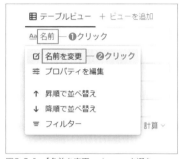

図3-3-1 「名前を変更」メニューを選ぶ

　テーブルの右側に「プロパティを編集」という表示が現れます。ここにプロパティ名が表示されています。これを「支店」と書き換え［Enter］キーを押して下さい。これでプロパティ名が「支店」に変わります（図3-3-2）。

　なお、「名前」の右側には「タグ」というプロパティも用意されていますが、今回は使いません。ただ、タグの値は非常に独特なもので、後ほど（P.078）これの働きについても説明しますので、削除せずそのままにしておきましょう。

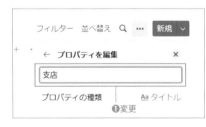

図3-3-2 「プロパティを編集」でプロパティ名を「支店」
に変更する（左）と、プロパティが「支店」に変わる（右）

💡 プロパティの作成

　新たにプロパティを追加する場合は、一番上のプロパティ名が表示されている行の右端にカーソルをあてると表示される「＋」をクリックします。右側に「プロパティを編集」という表示が現れるので、フィールドに「売上」と記入して［Enter］しましょう。これで、「支店」「タグ」の右側に「売上」というプロパティが追加されます（図3-3-3）。

図3-3-3　「＋」をクリックして（左）、プロパティ名を入力すると（中）、新しいプロパティが追加される（右）

💡 プロパティの整理

　作成したプロパティは、横幅を調整したり、並び順を変更したりできます。プロパティの横幅は、プロパティ名の境界部分をマウスで左右にドラッグすることで変更することができます。

図3-3-4　プロパティ名の間の境界をドラッグ（左）して横幅を調整する（右）

　また、プロパティ名の部分をそのままマウスで左右にドラッグすることで、プロパティの並び順を入れ替えることができます。

図3-3-5　プロパティ名を左右にドラッグする（左）とプロパティの並び順が変わる（右）

04 セルの操作

　では、プロパティが用意できたらデータ
を入力していきましょう。値の入力は、セ
ルをクリックして行います。クリックする
と値を入力するフィールドが現れるので、
そのまま値を記入して［Enter］キーを押
せば入力が行えます。

図3-4-1　セルをクリックすると値が入力できる

入力の移動

　セルの入力は連続して行うことができます。テーブルのセルは、入力後、他のセ
ルをクリックするなどすると値が確定され、選択された状態（淡いブルーグレーで
表示された状態）になります。そのまま以下のキーを使って、選択セルを移動する
ことができます。

[Tab] キー	右隣のセルに移動
[Shift] キー＋ [Tab] キー	左隣のセルに移動
[Enter] キー	入力状態にするか、下のセルに移動
矢印キー	上下左右（矢印の方向）に移動

　これで選択セルを移動し、［Enter］キー
を押して入力を行えます。［Enter］が、入
力状態と下のセルに移動の２つの働きをす
るので慣れが必要ですが、キー操作だけで
入力が行えるのはとても快適です。

図3-4-2　矢印キーなどでセルの選択を移動で
きる

セルの選択とコピー&ペースト

　セルは１つだけでなく複数をまとめて選択できます。マウスでセル上をドラッグ
するか、あるいは［Shift］キーを押したまま矢印キーでセルを移動すると、複数の
セルをまとめて選択することができます。

選択されたセルは、[Ctrl] キー＋
[X] キーでカット、[Ctrl キー＋
[C] キーでコピーできます。そして
空白のセルに移動し [Ctrl キー＋
[V] キーでコピーしたセルをペース
トすることができます。

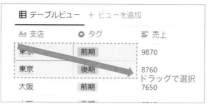

図3-4-3　マウスドラッグで複数のセルを選択し、カット、コピー、ペーストができる

行の移動

テーブルに入力されたデータは、
行ごとにブロックとして扱われま
す。各行の上にマウスポインタを移
動すると左端にハンドルアイコンが
表示され、この部分をドラッグして
移動することもできます。

図3-4-4　各行はブロックとして扱えるようになっている

計算について

各プロパティの一番下には「計算」という表示があります。これは、入力された
セル（あるいは未入力のセル）をカウントしたり、数値関係のプロパティでは簡単
な集計などを行うものです。

「支店」の下部にある「計算」という表示をクリックするとメニューがプルダウン
して現れ、以下のような項目が表示されます。

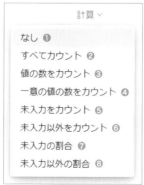

図3-4-5　「計算」をクリックするとメニューが表示される

①なし	計算をしません
②すべてカウント	すべてのセル数を表示します
③値の数をカウント	入力された値がいくつあるか表示します
④一意の値の数をカウント	入力された値で、異なる値がいくつあるか（同じ値は1つにカウントする）を表示します
⑤未入力をカウント	入力されていないセル数を表示します
⑥未入力以外をカウント	入力されているセル数を表示します
⑦未入力の割合	入力されていないセルがどれだけあるかパーセントで表示します
⑧未入力以外の割合	入力されたセルがどれだけあるか％で表示します

　ざっと見ればわかるように、この計算は「入力・未入力のセルを調べる」ためのものです。数値のプロパティについては集計などの機能も用意されます（これらはChapter 5で説明します）が、「支店」のようにテキストのプロパティについては「入力漏れをチェックするようなときに利用するもの」と考えておきましょう。.

05 プロパティ（値の種類）について

　値を入力してみると、ちょっと不思議なことに気がつくでしょう。「支店」プロパティのセルはそのまま入力しますが、「タグ」プロパティのセルは、クリックするとそれまで入力した値がすべて表示され、そこから値をクリックして入力することができます。

　なぜ、「支店」はテキストを記入するのに、「タグ」は用意された値を選ぶだけでいいのでしょうか。

　それは、タグが一般的なテキスト以外の値を入力するようになっているからです。テーブルの各プロパティには、値の種類を示す設定情報が用意されています。これにより、どのような値がどうやって入力されるかが決まるようになっているのです。

図3-5-1 「タグ」では用意された値から選ぶだけで入力できる

プロパティの種類について

　プロパティは、プロパティ名の部分をクリックし、現れるメニューから「プロパティを編集」を選ぶと編集できます。試しに、先ほど作成した「売上」プロパティをクリックして、メニューから「プロパティを編集」を選んでみましょう。

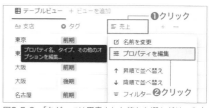

図3-5-2 「タグ」では用意された値から選ぶだけで入力できる

「プロパティを編集」パネル

　画面の右側に「プロパティを編集」というパネルが現れます（図3-5-3）。これは、先ほど新しいプロパティを作成するときにも登場しました。プロパティに用意されている設定を編集するための専用パネルです。ここには以下のような項目が用意されています。

図3-5-3 「プロパティを編集」パネルに
用意されている項目

❶列の名前	一番上にはプロパティ名がフィールドに入力されています。これを書き換えることで、プロパティ名の表示を変更できます
❷プロパティの種類	これが値の種類を示すものです。初期状態では「テキスト」が選択されています
❸ビューで非表示	現在のビューでこのプロパティを表示しないようにします。これはテーブル以外のビューを使うときに利用されます
❹プロパティを複製	このプロパティを複製します。クリックすると、このプロパティの右側に「売上(1)」という名前でプロパティが複製されます
❺プロパティを削除	このプロパティを削除します

この中の「プロパティの種類」を選ぶと、値の種類の一覧が表示され、別の種類に変更できるようになります。プロパティの種類については、次の節で説明します。

06 プロパティ（ベーシック）の種類について

用意されているプロパティの種類は、大きく「ベーシック」と「アドバンスト」に分かれます。ここでは、基本の種類であるベーシックに用意されている値について理解しましょう。

デフォルトで選択されているのは「テキスト」です。これは、そのままテキストを入力するもので、何の設定なども必要ない最もシンプルな種類でしょう。

それ以外のものは、必要に応じて値の設定項目が追加表示されます。それを使って、より詳しく表示する値の内容を設定できるようになっています。

図3-6-1　「プロパティの種類」で表示されるメニュー

数値

数値は、数の値を扱う際の基本となるものです。これを選ぶと、その下に「数値の形式」という項目が現れます。これをクリックすると、通貨の単位や、表示する値のフォーマットに関するメニューがポップアップ表示されます（図3-6-2）。ここには以下のようなものが用意されています。

数値	入力された数値をそのまま表示します
コンマ付き数値	数値を3桁ごとにカンマを付けた形にフォーマットします
パーセント	1を100%として%に換算します
その他の項目	その他の項目は、貨幣単位の値です。例えば「円」を選ぶと、冒頭に円マークが付けられたコンマ付き数値として表示されます

プロパティの種類	# 数値 >
数値の形式	数値 >

❶クリック

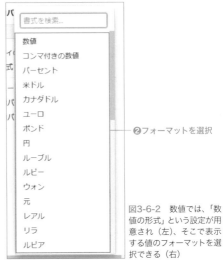

書式を検索...

数値
コンマ付きの数値
パーセント
米ドル
カナダドル
ユーロ
ポンド
円
ルーブル
ルピー
ウォン
元
レアル
リラ
ルピア

❷フォーマットを選択

図3-6-2 数値では、「数値の形式」という設定が用意され（左）、そこで表示する値のフォーマットを選択できる（右）

💡 セレクト／マルチセレクト

　いくつか用意されている項目の中から値を選ぶためのものです。セレクトは1つだけ、マルチセレクトは複数の値を選べるようになっています。

　サンプルで作成したテーブルの「タグ」プロパティが、マルチセレクトに設定されています。これらの種類が選択されると、その下に現在使われている値が「オプション」として一覧表示されます。ここで不要な項目を削除したり、新しい項目を追加したりすることができます。

　セレクト／マルチセレクトは、データを分類するのに使われます。

　セレクト／マルチセレクトが種類に設定されると、値を入力するためにセルをクリックすると用意された値がリスト表示されるようになります。そこから値を選ぶだけで入力することができます。

図3-6-3 セレクト／マルチセレクトでは、オプションとして値を用意できる

図3-6-4 セレクト／マルチセレクトのプロパティでは、入力時に用意されたオプションがリスト表示される

💡 日付

日時に関する値を扱う場合に利用するものです。これを選ぶと、「日付の形式」「時刻の形式」といった項目が追加されます。

図3-6-5 「日時」を選ぶと、「日付の形式」「時刻の形式」が追加される

「日付の形式」「時刻の形式」は、それぞれクリックすると表示形式がポップアップリストとして表示されます。そこから項目を選んで表示形式を指定できます。

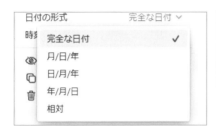 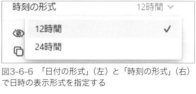

図3-6-6 「日付の形式」（左）と「時刻の形式」（右）で日時の表示形式を指定する

💡 日時の入力

「日付」を選択した場合、セルをクリックするとその場にカレンダーがポップアップ表示されるようになります。ここから日付をクリックして選べば、その日付が入力されます。

このカレンダーには、この他にも以下のような機能が用意されています（図3-6-7）。

❶リマインド	一定時間後に通知を知らせるリマインド機能を追加します。日付のみの場合は当日、1日前、2日前といった項目が用意され、時刻まで入力する場合は何分前、何時間前といった形でリマインドする時間を指定できます
❷終了日を含む	これをONにすると終了日が指定できるようになります。これにより「〇〇〇〇年〇月〇日〜××××年×月×日」というように日付の範囲を指定できます
❸時間を含む	これをONにすると、日付だけでなく時刻も設定できるようになります
❹日付の形式及びタイムゾーン	日付、時刻のフォーマット、そしてタイムゾーンの指定を行うサブメニューが用意されています。日付と時刻のフォーマットは、「日付」プロパティの設定に用意されているのと同じものです
❺クリア	入力した値をクリアし未入力状態に戻します

図3-6-7 セルをクリックするとカレンダーがポップアップ表示される

💡 ユーザー

これはチームで利用している場合に使うものです。チームのメンバーを値として指定するためのものです。この種類には、特にオプションの設定などは用意されていません。

図3-6-8 「ユーザー」は、ただ選ぶだけでオプションなどはない

ユーザーが設定されると、セルをクリックするとチームに参加するユーザーがリスト表示されるようになります。ここからユーザーを選択することで、そのユーザーを入力できます。

チームに参加していない人をユーザーとして入力することはできません。この値は、あくまで「チーム内のユーザー」を選択するためのものです。

図3-6-9 セルを選択するとユーザーがポップアップ表示される

ファイル＆メディア

　「ファイル＆メディア」は、ファイルを値としてアップロードするためのものです。これは、選択しても特に設定などは追加されません（図3-6-10）。

図3-6-10　「ファイル＆メディア」は、ただ選ぶだけ。設定などは特にない

　この種類を選んだセルをクリックすると、ファイルを追加するためのパネルがポップアップして現れます（図3-6-11）。これでファイルアップロードや、ファイルのURLの設定などを行うことができます。
　ファイルを追加すると、そのセルにファイル名が表示されるようになります（図3-6-12）。これをクリックするとファイル名がポップアップして表示され、さらにクリックすればそのファイルが開かれます。
　ファイルは１つだけでなく、いくつも追加することができます。またダウンロードや、URLを指定した場合はオリジナルの表示なども行えます。

図3-6-11　セルをクリックすると、ファイルアップロードやURLの入力を行うパネルが現れる

図3-6-12　ファイルをアップしたところ

チェックボックス

　ON/OFFの状態を表すのに使われるものです。この種類は、選択するだけでオプション設定などはありません。
　これを選択すると、そのプロパティのセルにチェックボックスが表示され、それぞれON/OFFできるようになります（図3-6-13）。データベースにはON/OFFの状態が情報として記録されており、いつアクセスしても最後に設定された状態が再現されます。

図3-6-13 セルにチェックボックスが表示されるようになる

⚡ URL／メール／電話

この他、「URL」「メール」「電話」といった項目は、それぞれの値をテキストとして入力するものです。値そのものはテキストなので、特にオプションの設定などはありません。また入力も、セルをクリックしてテキストを記述するだけです。

ただし、入力された値は、クリックすることで以下のような操作が行えます。

URL	クリックでリンクを開きます
メール	@アイコンが表示され、メールを送信できます
電話	電話アイコンが表示され、クリックで電話をかけられます

図3-6-14 URLを選択したところ。URL、メール、電話は特に設定は追加されない

「アドバンスト」について

ここで紹介しなかった、プロパティの「アドバンスト」に用意されている値のうち、以下については後ろの章で紹介しています。

・関数 … Chapter 6
・リレーション、ロールアップ … Chapter 5

---

07 検索とフィルター

データの数が増えてくると、必要なデータだけをうまく見つけるための機能が必要となってきます。そのために用意されているのが「検索」と「フィルター」です。

「検索」は、その名の通り、値を検索するための機能です。テーブルの右上に見える虫眼鏡のアイコンをクリックすると、その横にテキストを入力するフィールドが現れます。ここに検索したい値を記入すると、データにその値を含む行だけが表示されます（図3-7-1）。

この値は、テキストでも数字でも好きなものを入力できます。また検索対象はすべてのプロパティになっており、どのプロパティであっても検索テキストが含まれているものはすべて表示されます。

図3-7-1　検索フィールドに値を入力すると、その値を含む行だけが表示される

💡 フィルターの設定

検索が「値を含むものをすべて取り出す」というものであるのに対し、フィルターは「厳密に設定した条件に合致するものを取り出す」というものです。フィルターは、検索する対象となるプロパティを指定し、そのプロパティの値のみを調べます。

テーブルの右上にある「フィルター」という表示をクリックすると、プロパティの一覧リストがプルダウンして現れます。ここからフィルターの対象となるプロパティを選択すると、そのプロパティ名の部分にフィルター設定のパネルが現れます。ここに検索する値を入力すれば、そのプロパティの値に入力した値を含むものをすべて検索します（図3-7-2）。

図3-7-2 「フィルター」をクリックすると、設定するプロパティ名のリストが現れる（上）。ここからプロパティ名を選ぶとそのプロパティに設定のためのパネルが現れる（下）

💡 検索条件の設定

　作成したフィルターは、プロパティ名の上にボタンのような形で表示がされます。この部分をクリックするとパネルが現れ、フィルターの設定を編集できるようになります。

　デフォルトでは、フィルターは「値を含むもの」が検索されるようになっていますが、この条件は変更することができます。フィルターの編集パネルで、入力フィールドの上にある「〇〇を含む」の部分をクリックすると、条件の一覧リストがプルダウンして現れます（図3-7-3の上）。ここから項目を選ぶことで、値を検索する条件の設定を変更できます。

　ここに用意されているのは以下のような項目です。

と一致／と一致しない	プロパティの値が検索値と完全に同じもの、あるいは同じでないものを検索します
を含む／を含まない	プロパティの値が検索値を含んでいるもの（含んでないもの）を検索します。テキストのプロパティで使います
で始まる／で終わる	プロパティの値が検索値で始まる（終わる）ものを検索します。テキストのプロパティで使います
よりも大きい／よりも小さい	プロパティの値が検索値よりも大きい（小さい）ものを検索します。数値のプロパティで使います
以上／以下	プロパティの値が検索値以上（以下）のものを検索します。数値のプロパティで使います
未入力／未入力ではない	値が入力されていない（されている）ものを検索します

　この検索の条件は、そのプロパティの種類が何かによって表示される項目も変わります。テキストならば「を含む／を含まない／で始まる／で終わる」といった項目が表示されますが、数値ではこれらは表示されません。代わりに、「よりも大きい／よりも小さい／以上・以下」といった項目が表示されるようになります（図3-7-3の右）。これらは、逆にテキストのプロパティでは表示されません。

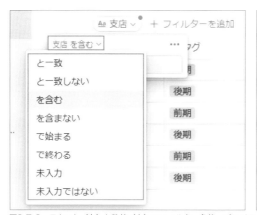
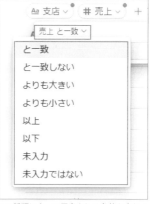

図3-7-3　テキスト（左）と数値（右）のフィルター条件。プロパティの種類によって用意される条件も変わる

08 高度なフィルターの追加

「フィルター」をクリックして作成するフィルターは、基本的に「ある1つのプロパティに対して1つの条件を設定する」というものです。しかし、より複雑なフィルターを作成したい場合は、「高度なフィルター」というものが用意されています。

テーブルの「フィルター」をクリックしてプルダウンされるメニューに「高度なフィルターの追加」という項目があります。すでに何かのフィルターがある場合は、「フィルターを追加」をクリックすると同じメニュー項目が見つかります。

図3-8-1 「高度なフィルターの追加」メニューを選ぶ

フィルタールールの追加

「高度なフィルターを追加」を選ぶと、フィルター設定のパネルが現れます（図3-8-2）。ここに「条件」という表示が用意され、プロパティ名と値、条件の種類といったものを設定できるようになっています。

これだけを見れば、一般的なフィルターの表示が少し変わっただけに見えますが、「高度なフィルター」はそれだけではありません。その下にある「フィルタールールを追加」をクリックすると、フィルターの条件をさらに増やすことができるのです。

これをクリックすると、以下の2つの項目が表示されます。

フィルタールールを追加	新しいフィルターの条件を追加します
フィルターグループを追加	複数の条件を設定するフィルターグループを作ります

フィルターグループについてはこの後で説明するので、ここでは「フィルタールールを追加」について説明しましょう。これを選ぶと、下に新しいフィルターの条件設定が追加されます。これを利用し、新しい条件を設定できます。

図3-8-2 フィルタールールは複数作成できる

ANDとOR

　2つ目以降の条件設定では、左端の「条件」というところにポップアップメニューが追加されます。ここには以下の2つの項目が用意されます（図3-8-3）。

AND	前の条件と新しい条件の両方に合致するものだけを表示します
OR	前の条件と新しい条件のどちらかだけでも合致すればすべて表示します

　このANDとORは、それぞれ「論理積」「論理和」と呼ばれるもので、複数の条件を扱うときの基本といえます。どちらを選ぶかによって得られる結果はまるで違ってきます。これらがどういう働きをするものかは、ここでよく頭に入れておきましょう。

図3-8-3　追加されたルールでは、「AND」と「OR」のいずれかを指定する

フィルターグループについて

　AND/ORによる複数条件の組み合わせを利用したフィルターを使うようになると、さらに複雑な条件設定を行うためには「条件の階層化」が必要なことがわかってくるかもしれません。

　例えば、無作為抽出によるアンケート結果を集計する場合を考えてみましょう。そこで「20代で東京・神奈川・千葉に住んでいる人」を集計しようと考えたとします。すると、こんな条件を用意する必要があります。

```
「年齢が20以上 AND 年齢が30未満」
    AND
「住所が東京 OR 住所が神奈川 OR 住所が千葉」
```

　つまり、年齢の条件と住所の条件をそれぞれ用意し、その両方に合致するフィルターを作成しなければいけないわけですね。しかし、これらの条件にはANDとOR

が入り混じっており、1つ1つ順番に条件を用意すればいいわけではありません。

このようなときに用いられるのが「フィルターグループ」です。フィルターグループは、複数の条件を1つのグループとしてまとめることのできるものです。今の例ならば、「年齢のフィルターグループ」と「住所のフィルターグループ」を作成し、この2つをANDでつなげば、のぞみのフィルターを作成することができます。

フィルターグループは、「高度なフィルター」の設定パネルでフィルターの条件を作成する際、「フィルタールールを追加」をクリックして現れるメニューから「フィルターグループを追加」を選んで作ります。

フィルターグループを作ると、四角い枠の中に条件が設定された表示が追加されます。この枠内に条件を追加していくことができます。

フィルターグループは、それぞれのグループごとに結果を得て処理を行います。グループ内に複数の条件があった場合も、それらすべての条件をチェックし、その結果をグループ全体の結果として扱います。

図3-8-4　フィルターグループは、グループ内に複数のフィルター条件を設定できる

09 グループでデータを整理する

データ数が増えてくると、データをわかりやすく整理して表示したくなります。そのようなときに役立つのが「グループ」という機能です。

グループは、特定のプロパティについて、その値ごとにデータを分類整理する機能です。これはテーブルの右上に見える ••• をクリックして現れるメニューから「グループ」を選んで設定します。

図3-9-1 「…」をクリックし、メニューから「グループ」を選ぶ

図3-9-2 「グループ化」する項目を選択する

メニューを選ぶと画面右側に「グループ化」と表示されたサイドパネルが現れます。ここでグループ化に利用する項目を選択すると、その項目の値をもとにグループ化を行います。例えば、売上データに「支店」という項目がある場合、これをグループ化の項目に指定すると支店ごとにデータが分類整理されます（図3-9-3）。

図3-9-3 支店をグループ化に指定すると、支店ごとにデータが分類される

グループの表示

グループの表示は、グループの設定画面である程度調整できます。「グループ化」のサイドパネルで項目を選択しグループ化を行うと、以下のような設定が用意されます。

グループ化	グループ化する項目の設定です
テキストごと／数値ごと	グループ化する基準を示すものです。テキストならば完全一致するものかどうか、数値ならばグループ化する範囲をどうするか、指定できます
並べ替え	グループの並び順を指定します。昇順・降順（テキストはアルファベット順）を設定できます
表示されているグループ	表示しないグループがあれば、目のアイコンをクリックすると非表示にできます
グループを解除	グループ化を取りやめます

グループの折りたたみ・展開

グループ化すると、それぞれの項目ごとに表示をON/OFFできるようになります。グループ化の「表示されているグループ」で設定するだけでなく、グループ化された各項目は表示を折り畳めるようになるのです。

グループ化した各項目の表示には、左側に▶が付けられるようになります。これをクリックすることで、そのグループのデータを折りたたんで非表示にしたり、クリックして展開表示できます。

図3-9-4　グループの項目にある（▶）をクリックすると内容を表示できる

10 リンクドビュー

　作成されたテーブルは、1つのページに表示され、その中でデータの操作を行います。これはデータベースですから、作成後、データを更新してどんどん増やしていくことができます。

　ある程度データが蓄積されてくると、そのデータをさまざまなところで利用できるようにしたくなるでしょう。Notionでは、作成したテーブルをそのまま他のページで利用することができます。それは「リンクドビュー」というものを使います。

　リンクドビューは、すでにあるデータベースのビュー（テーブルなど）を他のページに埋め込んで使えるようにする機能です。これは、テーブルをコピーするのではありません。そのデータベースを参照するビューを別のページに埋め込むのです。データそのものは、元のデータベースを参照しているため、全く同じになります。

　1つのデータベースを複数の場所から利用できるようにするもの、それがリンクドビューなのです。

リンクドビューを利用する

　では、実際にリンクドビューを使ってみましょう。リンクドビューの利用は非常に簡単です。作成したテーブルのURLをコピーし、利用したいページにペーストするだけです。

　では、サンプルとして用意したテーブルの右上にある ••• をクリックし、現れたメニューから「ビューのリンクをコピー」を選択して下さい。これで、このビュー（テーブル）のURLがコピーされます。

図3-10-1 「ビューのリンクをコピー」メニューを選ぶ

　そのまま、リンクドビューを作成したいページを開き、ペーストする場所をクリックしてペースト（[Ctrl] キー＋ [V] キー）して下さい。ペーストすると、その場にメニューがポップアップ表示されます。その中から「データベースのリンクドビューを作成する」メニューを選んで下さい。

図3-10-2 URLをペーストしたら、「データベースのリンクドビューを作成する」メニューを選ぶ

　画面にコピーしたデータベースのビュー（テーブル）が追加されます。これがリンクドビューです。見た目には、コピー元のテーブルと全く変わりありません。表示されるデータも同じです。

　よく見ると、テーブルの上のタイトル部分には、右上を向いた矢印アイコン（↗）が付けられてテーブル名が表示されています。これをクリックすると、オリジナルのテーブルにジャンプします。このテーブルが、指定したテーブルを参照していることがこれでわかります。

図3-10-3　リンクドビューが組み込まれる

　左側のページリストを見ると、ペーストしたページ内に「○○のビュー」（○○はテーブル名）というビューが追加されているのがわかります。そしてさらにその中にテーブルビューが組み込まれています。

　この「○○のビュー」というのがリンクドビューです。そしてその中に、コピー元と同じデータベースのビュー（テーブル）が組み込まれているのです。このビューが参照するデータベースはコピー元と同じものなのです。

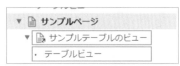

図3-10-4　リンクドビューの構造。ペーストしたページにリンクドビューが作られ、その中にデータベースのビューが追加されている

参照するデータは同じ！

　元のテーブルと、リンクドビューで作成されたテーブルは、それぞれ独立して扱うことができます。表示のスタイルや、フィルター、グループ化などの設定もそれぞれで独自に行えます。ですから見た目には両者は全く別のテーブルに見えるでしょう。しかし、どちらもアクセスしているデータベースは同じものであり、同じデータが表示されているのです。

　実際に、オリジナルのテーブルを開いて、データを編集してみて下さい。そして修正後、リンクドビューに移動しましょう。すると、リンクドビューに表示されるデータも編集後のものに変わっているのがわかります。

　このように、データを操作すると、そのデータを参照するすべてのリンクドビューの表示も変わります。いくつビューを作っても、リンクドビューはすべて同じデータベースを参照していることがよくわかるでしょう。

図3-10-5　オリジナルのデータを書き換えると（上）、リンクドビューの 表示も変わる（下）

11 データベースは1つだけ！

　リンクドビューを使ってみればわかることですが、Notionでデータを保管する場合、そのデータが保管されるデータベースは「1つだけ」です。ページに作成されるテーブルなどのビューは、すべて「Notionにある1つのデータベースにアクセスしてデータを受け取り表示するもの」なのです。

　この「データベースは1つだけ、ビューはそれにアクセスしてデータを表示している」ということがよくわかっていないと、この次のChaperである「ビューを使いこなそう」がうまく理解できません。データベースとテーブルなどのビューの関係をここでしっかりと頭に入れてから次に進むようにしましょう。

Chapter **4**

ビューを使いこなそう

この章のポイント
・データベースのビューの使い方を覚えましょう
・必要に応じて複数のビューを使い分けられるよう
　になりましょう
・ビューとデータソースの役割についてきちんと理
　解しましょう

01 リストビューを使おう

　前Chapterで、データベースの基本として「テーブル」の使い方を一通り説明しました。テーブルはデータベースの基本となるビューです。しかし、テーブル以外にもNotionにはさまざまなビューが用意されています。このChapterでは、それらのビューについて説明しましょう。

　まずは「リスト」です。リストは、多数のデータを一覧表示するためのものです。データそのものはたくさんのプロパティが用意されていたとしても、リストで表示されるのは、初期設定では1つのプロパティ（通常はタイトル）だけです。

　では、実際にリストを使ってみましょう。Notionの画面左側のエリアから、ページのリストにある「ページを追加」をクリックし、新しいページを作成して下さい。タイトルは「サンプルリスト」としておきましょう。そして、「データベース」というところにある「リスト」をクリックします。

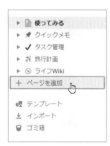

図4-1-1　新しいページを用意

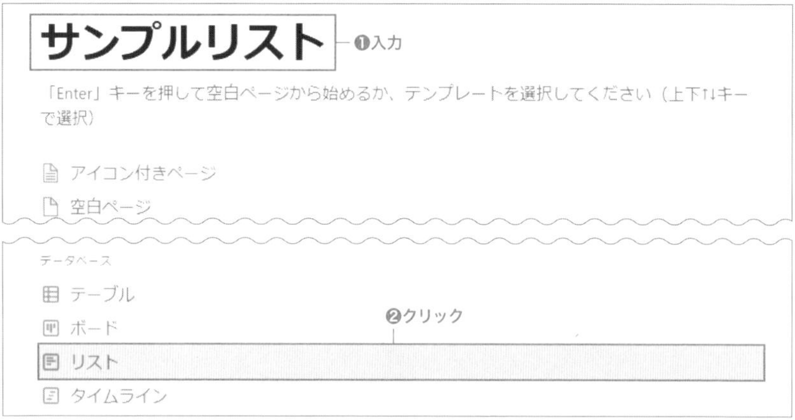

サンプルリスト —❶入力

「Enter」キーを押して空白ページから始めるか、テンプレートを選択してください（上下↑↓キーで選択）

　📄 アイコン付きページ
　🗋 空白ページ

データベース

　▦ テーブル
　🗔 ボード
　🗒 リスト　　　　　　　　　　　　❷クリック
　🗒 タイムライン

図4-1-2　「リスト」を選ぶ

💡 データベースの作成

　画面の右側にサイドパネルが現れ、「データソースを選択する」と表示されます。ここで、データを参照するデータベースを選ぶか、あるいは新たにデータベースを作成します。

　今回は、新しいデータベースを作ることにしましょう。サイドパネルから「新規データベース」という項目をクリックして下さい。これで新しいデータベースが作られます。

図4-1-3　データソースを選択する。ここでは「新規データベース」を選んでおく

💡 リストの基本画面

　ページ内にリストが作成されます。ビューのところには「リストビュー」と表示がされ、その下のデータを表示するところには「ページ1」「ページ2」「ページ3」という3つの項目がリストとして表示されています。これは、サンプルで作成されたリストに用意されるダミーデータです。不要ならば削除して新たにデータを追加するのがいいでしょう。

　各項目を見ると、項目名の左側にファイルアイコンが表示されているのに気がついたでしょう。リストに作成されているサンプルデータは、ページとして表示されるようになっているのですね。

図4-1-4　リストにはサンプルのデータが追加されている

02 ページを編集する

　では、リストの内容を編集してみましょう。デフォルトで用意されている「ページ1」という項目をクリックして開いて下さい。画面にページの編集パネルが現れます（図4-2-1）。

　Notionでは、データベースに保管されているのは「ページ」なのです。これはリスト用の特別なものなどではなく、これまで利用してきた一般的なページと全く同じものです。データベースに限らず、Notionではすべてのデータは「ページ」として作成保存されます。リストの項目を開くと編集パネルにページが現れるのはそういうわけなのです。

　開いたページの編集パネルには、ページの基本的な設定として以下の項目が用意されています。

タイトル	「ページ1」と表示されているのが、このデータのタイトルです。このタイトルの値がリストには表示されます
作成日時	ページが作成された日時です。これは自動設定されます
タグ	ページを分類するのに使う値です
プロパティ	その他、保管しておきたいデータの記録場所として使えます

　タグは、テーブルのときにも出てきましたね。いくつかの値の中から１つを選ぶようなときに便利です。またプロパティは、ページに何らかの情報を付け足したいときなどに使えるでしょう。

図4-2-1　ページをクリックするとページの編集パネルが現れる

💡 アイコンの設定

　各ページにはファイルのアイコンが表示されていますが、これは変更することができます。ページのタイトルの上に「アイコンを追加」というリンクがあるので、これをクリックして下さい。タイトル上部にアイコンが追加されます。

　追加されるアイコンはランダムに選ばれています。アイコンをクリックすると、絵文字の一覧パネルが現れ、ここからアイコンとして使いたい絵文字を選べます。

図4-2-2　「アイコンを追加」をクリックするとアイコンが追加される（左）。これは絵文字のパレットから選んで変更できる（右）

💡 カバー画像の設定

　「カバー画像」も設定できます。カバー画像とは、ページの上部に表示される画像のことです。タイトル上部にある「カバー画像を追加」をクリックすると、ページの上部に画像がランダムに選択され表示されます。

　この画像部分には「カバー画像を変更」というリンクが用意されており、これをクリックすると画像を選択するパネルが現れ、自由に画像を選べます。また画像をアップロードしたり、画像のURLを指定してカバーに表示することもできます。なお、アイコンとカバー画像の設定はリストビューに限らず、すべてのページで可能です。

図4-2-3　「カバー画像を追加」で画像が追加される。これは後で自由に変更できる

፧ プロパティを追加する

　リストに追加されているページには、タイトルと編集日時の他に、タグやプロパティといった項目が用意されています。これらは、すべてデータのプロパティになります。

　前Chapterでテーブルを作成したとき、1つ1つの列を「プロパティ」と呼んでいたことを思い出してください。リストに追加されているページにも、さまざまなデータを保管できます。これらはすべて「プロパティ」として用意され、値が保管されているのです。

　では、独自のプロパティを追加してみましょう。ページの編集パネルにある「プロパティを追加」というリンクをクリックして下さい。新しいプロパティの項目が追加され、プロパティの設定を行うパネルがポップアップ表示されます。ここでプロパティの名前を入力したり、種類を変更したりできます。

　今回は、プロパティの名前を「メッセージ」としておきます。種類は、「テキスト」のままでいいでしょう。

　プロパティを追加すると、ページの編集パネルにその項目が追加されるようになり、自由に値を記入できるようになります。

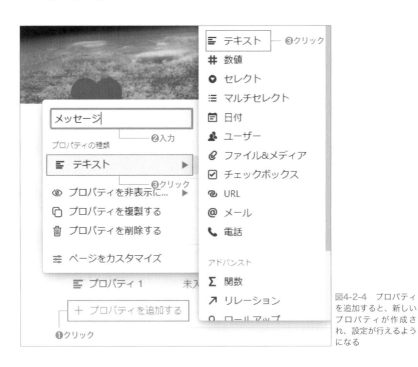

図4-2-4　プロパティを追加すると、新しいプロパティが作成され、設定が行えるようになる

03 リストのプロパティ

リストは、見た目には前Chapterのテーブルなどとは全く違うもののように見えますが、同じ「データベースのビュー」であることに変わりはありません。これは、リストのプロパティを編集しようとするとよくわかります。

リストの右上にある ⋯ をクリックすると、リストの右側にサイドパネルが現れ、リストの設定項目が現れます（図4-3-1）。これを見ると、テーブルの設定パネルと全く同じものであることがわかります。リストも、表示する形を変えたデータベースに過ぎないのです。

図4-3-1 「⋯」をクリックすると、リストの設定パネルが現れる

💡 表示するプロパティの変更

リストは、データのタイトルだけしか表示されず、それ以外のプロパティは全く画面には出てきません。このため、「リストはテーブルとは違う」といった印象を与えてしまいます。しかし、これは単に「タイトル以外のプロパティがすべて非表示になっている」だけなのです。

試しに、リストの設定パネルから「プロパティ」という項目をクリックしてみましょう。パネルの表示が変わり、表示しているプロパティとそうでないプロパティがリスト表示されます。ここから表示したい項目の目のアイコンをクリックすると、その項目を表示させることができます。

図4-3-2 プロパティでは表示する項目としない項目を設定できる

実際に、すべてのプロパティを表示させてみましょう。するとリストの各項目名の右側にその他のプロパティの値がまとめて表示されます。こうすると、「リストも、多数の値を保管するデータベースだ」ということがよくわかるでしょう。図で

は、いくつかデータを登録した状態になっています。紙面と同じように進めたい場合は、表4-3-1のデータを追加して進めてください。

図4-3-3　すべてのプロパティを表示するとこのようになる

名前	タグ	プロパティ	メッセージ	作成日時
Windows	PC	Dell HP Fujitsu Panasonic	Microsoftが提供するパソコン用OSです	(任意の日時)
macOS	PC	Apple	Appleが開発するOSです	(任意の日時)
Linux	PC	redhat	無料で使えるオープンソースのOSです	(任意の日時)
Android	mobile	Google Samsung HUAWEI motolora	スマートフォンで圧倒的なシェアを誇るOSです	(任意の日時)
Chrome OS	PC	Google Samsung HP acer	Chromebook用に開発されたOSです	(任意の日時)
iOS	mobile	apple	アイフォーン用のOSです。Appleによって開発されています	(任意の日時)

表4-3-1　サンプルとして入力するデータ

04 データベースの機能を使う

リストはデータベースですから、検索やフィルターといったデータベースの機能もすべて使えます。実際にフィルターを使ってみましょう。

リストの右上に見える「フィルター」をクリックし、現れたプロパティのリストからフィルター設定をしたい項目を選択します。ここでは「プロパティ」を選択しました（図4-4-1）。

図4-4-1 「フィルター」をクリックし、プロパティを選ぶ

これで、選択したプロパティのフィルターが設定されます。追加されたフィルター名の表示をクリックすると、検索内容を設定するパネルが現れるので、ここで検索条件や値を入力すればフィルター処理された項目だけが表示されるようになります（図4-4-2）。

やってみるとわかりますが、画面に表示されていないプロパティでもフィルターに利用することができます。

図4-4-2 フィルターに検索する値を入力すれば（左）、それを含む項目だけが表示される（右）

なお、フィルターを削除するときは、検索内容を設定するパネルで、・・・ をクリックして「フィルターを削除」をクリックします。

図4-4-3 「フィルターを削除」すれば元の状態にもどる

💡 グループ化もできる！

　グループ化も、もちろんリストで利用できます。 ··· をクリックして現れるメニューから「グループ」を選択し、グループ化するプロパティを指定すれば、その値でリストを分類し表示します。

　このように、表示はテーブルなどとは違いますが、リストでもデータベースの機能はすべて用意され使えることがわかります。

図4-4-4　「···」から「グループ」を選択し、グループ化したい項目（ここでは「タグ」）を選ぶ

図4-4-5　グループ化するとリストを分類表示できる（「タグ」でグループ化したところ）

05 ボードビューを使う

　続いて、「ボード」ビューを使ってみましょう。ボードは、データをカードの形で並べて管理するものです。これは多数のデータを必要に応じて分類し、随時変更しながら利用するような用途に用いられます。よく使われるのは進捗管理のようなものでしょう。この後、サンプルとして作成されるボードを見ると、どういうケースで使われるのかがよくわかるはずです。

　では、実際にボードを作ってみましょう。画面左側にあるパネルのページリストから「ページを追加」をクリックし、表示される一覧から「ボード」を選択して新しいページを作成して下さい。タイトルは「サンプルボード」としておきます。そして右側に表示される「データソースを選択する」サイドパネルで「新規データベース」を選んで下さい。新しいボードが作成されます。

図4-5-1　新しいページで「ボード」を選択し（左）、「新規データベース」を選ぶ（右）

ボードの基本画面

　ボードでは、デフォルトで「カード1」「カード2」「カード3」といったデータがサンプルとして追加されます（図4-5-2）。

図4-5-2　作成されたボード。「未着手」「進行中」「完了」といった表示がある

ボードの画面には「ステータスなし」「未着手」「進行中」「完了」といった表示があり、デフォルトでは3つのデータすべてが「ステータスなし」のところに表示されています。

　この表示は、実は「ステータス」というプロパティでグループ化したものです。ボード右上の ··· をクリックすると、現れたサイドパネルの「グループ」で「ステータス」というプロパティが選択されているのがわかります。

　この「グループ」を選択すると、グループの設定内容が表示されます。そして「表示されているグループ」のところに「未着手」「進行中」「完了」といったラベルが用意されているのがわかるでしょう（図4-5-3）。

　この「ステータス」というプロパティは種類に「セレクト」が指定されています。セレクトは、用意されている値の中から1つを選択するものでしたね。ステータスにはデフォルトで「未着手」「進行中」「完了」といった値が用意されており、このいずれかを設定するようになっていたのです。

図4-5-3　グループでは「ステータス」が選択されており（左）、クリックした次の画面では「未着手」「進行中」「完了」といった値が用意されている（右）

💡 プロパティを追加する

　デフォルトでは、ボードには「名前」「ステータス」「担当者」といったプロパティが用意されています。必要最低限の項目だけが用意されているのですね。これにプロパティを追加して、進捗管理などに必要な項目を用意して使うと良いでしょう。

　例として、項目の説明を追加してみましょう。ボードの ··· をクリックし、現れたサイドパネルから「プロパティ」をクリックしてプロパティの設定に表示を切り替

えます。そして「新しいプロパティ」をクリッ
クし、「内容」というテキストのプロパティ
を追加します。

　プロパティは、目のアイコンをクリックし
て個別に表示をON/OFFできます。ここでは
「名前」「担当者」「内容」を表示するように
しておきましょう。

　紙面と同じように進めたい場合は、表4-5-1
のデータを追加して進めてください。

図4-5-4　「内容」プロパティを追加し、「ス
テータス」以外をすべて表示させるように
する

名前	ステータス	内容	担当者
チーム選定	進行中	担当チームの選定。編集／著者／デザイナー	（ユーザーを選択）
企画書の作成	完了	次単行本の企画案をまとめる	（ユーザーを選択）
構成案	未着手	単行本全体の梗概をまとめる	（ユーザーを選択）
スケジュール調整	未着手	執筆／編集／レイアウトのスケジュール確定	（ユーザーを選択）

表4-5-1　サンプルとして入力するデータ

 ステータスを追加する

　ボードにはデフォルトで4種類のステータスが用意されていますが、さらに追加
することもできます。

　ステータスの右側にある「＋」をクリックし、「新しいグループ」というポップ
アップが表示されたら、名前を入力して「完了」を押します。

図4-5-5　ステータスの値も追加できる

06 ボードデータを編集する

　ボードのデータは、四角いカードのような形で表示されています。このデータは、クリックすると編集のためのパネルが開かれ、データを変更できます（図4-6-1）。またボードの下にある「新規」をクリックすれば新しいデータが追加されます。

　編集用のパネルは、リストと同様の形をしています。タイトルの下に各プロパティの値を入力する項目が並び、これらに値を入力していきます。

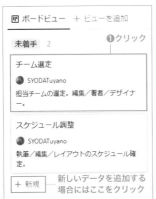
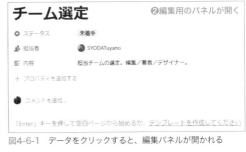

図4-6-1　データをクリックすると、編集パネルが開かれる

💡 データをドラッグして移動する

　ボードビューの最大の特徴は、「データを簡単に移動できる」という点にあります。表示されているデータはカード状になっており、そのままドラッグして別のステータスに移動できます。初期状態では、カードはすべて「ステータスなし」のところにありますが、ドラッグして他のステータスのところに簡単に移動できます。

図4-6-2　カードをドラッグしてステータスを移動できる

　実際にカードを移動して分類整理していくと、全体の進捗状況がひと目でわかります。このようにボードは、グループと組み合わせて「データを分類し、必要に応じてドラッグして分類を変更する」というような用途に適していることがよくわかります。

　進捗管理の他にも、例えばチームメンバーをプロジェクトごとに分けて管理したり、タスク管理などにも使えそうですね。また個人ユースなら、簡易ToDoのような使い方にも向いているでしょう。

図4-6-3　グループ化すると、ひと目で全体の状況がわかるようになる

07 ギャラリーを使う

　Notionのデータベースで管理できるのはテキストや数値ばかりではありません。イメージなどのデータをデータベース的に管理することなどもできるのです。それに最適なビューが「ギャラリー」です。

　ギャラリーは、ボードと同様にカード状でデータを表示し管理しますが、イメージなどをデータとして追加し並べることができます。

　では、これも実際に作ってみましょう。左側にあるパネルからページリストの「ページを追加」をクリックしてし、表示される一覧から「ギャラリー」を選択して新しいページを作って下さい。タイトルは「サンプルギャラリー」としておきます。データソースには、「新規データベース」を指定しておきましょう。

図4-7-1　新しいページでギャラリーを選択する

💡 ギャラリーの基本画面

　ギャラリーには、デフォルトでサンプルが３つ用意されています。しかし表示を見ても、画像などはありません。サンプルで作られているのは、ただデータを用意しただけのもので画像は特に設定されていないのです。

　「ページ1」「ページ2」「ページ3」という名前のデータが用意されています。これは、ギャラリーの表示のサンプルと考えて下さい。

図4-7-2　作成されたギャラリー

08 ギャラリーデータを編集する

　では、「ページ1」をクリックしてみましょう。画面に編集用のパネルが現れます。デフォルトでは「作成日時」と「タグ」というプロパティだけが用意されています。（図4-8-1）

　ページ1には２つのチェックボックスが表示されていましたが、実はこれらはデータベースのプロパティとして用意されたものではありません。

　これらは、プロパティとは別に追加されたコンテンツなのです。

図4-8-1　編集パネル。コメントの下にチェックボックスが追加されている

💡 コンテンツを追加する

　Notionのデータベースは、一般的なデータベースのように「あらかじめ定義された項目の値だけが保管できる」というものではありません。プロパティとして全データに共通する項目を用意することはできますが、実はそれ以外のものでもデータとして保管することができるのです。

　コメントの下のエリアは、通常のページと同様にクリックするとコンテンツを追加できるようになっています。「/」キーでパネルを呼び出し、そこから項目を選べば、さまざまなメディアなどを埋め込むこともできるのです。

　試しに、編集パネルの下部をクリックし、「/」キーを押して「画像」コンテンツを追加してみましょう。

図4-8-2　「/」キーで「画像」を選んで、画像を追加できる

♀ ギャラリーを作る

　コンテンツの追加の仕方がわかったら、同様に各データに画像を追加してみましょう。すると、ギャラリーが画像を管理するデータベースとして使えることがよくわかります。

　ここでは画像を追加しましたが、もちろんその他のものを追加することも可能です。URLでWebブックマークを追加したり、Twitterの投稿を埋め込んだりすることも可能です。ただし、動画やTwitter/YouTubeの埋め込み、Webブックマーク、PDFなどのコンテンツは、追加してもギャラリーには表示されません。ギャラリーで表示できるのはテキストベースの情報と画像データだけです。

　したがって、ギャラリーは文字通り「グラフィックデータを管理するもの」と考えたほうがいいでしょう。それ以外のコンテンツも追加できますが、ギャラリーとして表示したいならば必ず画像データも用意しましょう。

図4-8-3　各データに画像を追加すると、このように画像を整理できるようになる

プロパティに「画像」はない

　ギャラリーでは、画像データや動画データをコンテンツとして追加します。データベースのデータというのは、本来、「プロパティ」として用意されていました。ギャラリーでも、画像のプロパティを用意すればいいのでは？　と思った人もいたかもしれません。

　実際にやってみればわかりますが、実はプロパティの種類には「画像」や「動画」といったものは用意されていません。

　しかし、前にちょっと触れましたが、データベースのデータは実は「ページ」として用意されていますから、ページにコンテンツとして画像などを追加することはできるのです。ギャラリーの画像がコンテンツとしてデータに追加されているのは、そういうわけです。

09 カレンダーを使う

Notionのデータベースでは、日時の値も扱えます。この日時は単に値を保管できるだけでなく、リマインダーの機能も標準で持っています。Notionはスケジュールを管理するツールとして十分に使えるのです。

そのために用意されているビューが「カレンダー」です。これは、その名の通りカレンダーを作成するビューです。では作ってみましょう。

左側のページリストから「ページを追加」をクリックして新しいページを作ります。タイトルは「サンプルカレンダー」としておきます。そしてコンテンツのリストから「カレンダー」を選択して下さい。データソースには、「新規データベース」を指定しておきましょう。

図4-9-1　新しいページで「カレンダー」を選ぶ

カレンダーのページが作成されます。カレンダーは1ヶ月単位というわけではなく、スクロールしていくことでずっと先まで見ることができます。また右上に見える「＜今日＞」という表示をクリックすることで前後の月に移動したり、今日の日付が表示される位置に戻れます。また作成した予定は日付の枠内に表示され、ドラッグして他の日付に移動することもできます。

表示も作りも一般的なカレンダーの形になっていますから、操作に迷うことはほとんどないでしょう。

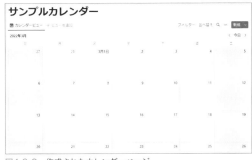

図4-9-2　作成されたカレンダーページ

💡 スケジュールの作成

　スケジュールの追加は、カレンダーから追加したい日付の枠にある「＋」をクリックするだけです。これでスケジュール作成のパネルが現れます。ここでタイトルを入力すれば、それが予定としてカレンダーに追加されます。

　プロパティは標準で「タグ」と「日付」が用意されているだけですが、Notionのデータベースではプロパティ以外にもコンテンツを追加できるということを思い出してください。コメント欄の下をクリックすれば、いくらでもコンテンツを追加することができます。予定の詳細などはここにコンテンツとして追記しておけばいいでしょう。GoogleマップやPDFなども追加できますから、普通のカレンダーなどよりはるかに柔軟に予定の情報を作成できます。

図4-9-3　カレンダーの「＋」をクリックすると、予定を作成するパネルが現れる（左）。ここにコンテンツを記述して閉じれば予定がカレンダーに追加される（右）

💡 日時の設定とリマインダー

　予定を作成するとき、頭に入れておきたいのが「日付」プロパティの設定です。ここには、予定を作成する日付が値として設定されています。これをクリックすれば、カレンダーがポップアップして現れ、さらに細かく設定が行えます。日付だけでなく時間を追加したり、開始と終了の範囲を指定したりすることも可能です。

　また「リマインド」をクリックすると、リマインダーの追加メニューが現れます。これで予定の日時が来る前に通知を送ることができます。リマインドは、デフォルトでは用意されないので、「予定を作成したら必ず日付をクリックしてリマインドを設定する」と考えましょう。

図4-9-4　日付をクリックすると、時間や日付の範囲、リマインダーの設定などが行える

カレンダーと他のビューの違い

　カレンダーは、ビューの中ではかなり異質なものです。カレンダーの表示スタイルはだいたい決まっており、表示を色々と変更する余地がありません。カレンダーは、他のビューに比べ以下のような違いがあります。

● グループ化ができません

　タグを使って分類しても、それらをグループごとに整理して表示させることはできないわけです（フィルターで特定のものだけ表示することは可能です）。

● データの並べ替えができません

　カレンダーは日付ごとに並べられますから、並べ替え自体が無意味ともいえるでしょう。

10 タイムラインを使う

　日時を扱うビューはもう1つあります。それが「タイムライン」です。タイムラインは、日時の範囲を扱うものです。予定ごとに開始日時と終了日時が設定されており、その範囲を視覚的に表示します。

　では実際に使ってみましょう。画面左側のページリストから「ページを追加」をクリックし、タイトルを「サンプルタイムライン」と入力します。そしてデータベースの種類から「タイムライン」を選択します。データソースには、「新規データベース」を指定しておきましょう。

図4-10-1　新しいページを用意し、「タイムライン」を選ぶ

💡 タイムラインの基本画面

　デフォルトで作成されるタイムラインには、サンプルとして3つのデータが用意されています。左側に各項目のタイトルが表示され、右側のエリアには日付のメモリが表示され、各項目の範囲が横長のバーの形で表示されます。

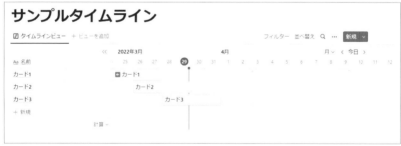

図4-10-2　タイムラインの表示。指定された日時の範囲をバーの形で表す

各項目の範囲を表しているバーをクリックすると、その項目の編集パネルが現れ内容を編集することができます（図4-10-3）。タイトルの下にはデフォルトで「日付」「担当者」「ステータス」といったプロパティが用意されています。ステータスはボードにあったのと同様に「未着手」「進行中」「完了」の３つの値が用意されています。

図4-10-3　タイムラインの編集パネル

日時の修正

　タイムラインは、日時の範囲を視覚的に表すものですから、いかに簡単に日時を調整できるかが重要です。

　タイムラインの表示エリアに並んでいる各項目のバーは、そのままドラッグして日付を前後に移動させることができます。また開始・終了の日付も、バーの左右端をマウスでドラッグすることで変更できます。つまり項目さえ用意しておけば、日付の範囲は編集パネルを開くことなく、マウスで視覚的に調整できるようになっているのですね。

　表示エリアの範囲は、デフォルトでは月単位になっていますが、これも右上にある「月」をクリックすることで変更できます。時間単位から年単位まで７段階で表示範囲を調整できるようになっています。図では、いくつかデータを登録した状態になっています。紙面と同じように進めたい場合は表4-10-1のデータを追加して進めてください。

図4-10-4　タイムラインの日付の範囲はマウスドラッグで変更できる

名前	ステータス	担当者	日付
企画立案	完了	(ユーザーを選択)	2022年7月1日 → 2022年7月7日
構成案の作成	進行中	(ユーザーを選択)	2022年7月3日 → 2022年7月8日
チーム編成	完了	(ユーザーを選択)	2022年7月6日 → 2022年7月10日
予算編成	進行中	(ユーザーを選択)	2022年7月8日 → 2022年7月15日
製作期間	未着手	(ユーザーを選択)	2022年7月11日 → 2022年7月23日
デザイン期間	未着手	(ユーザーを選択)	2022年7月20日 → 2022年7月27日

表4-10-1　サンプルとして入力するデータ（日付は変更しても問題ありません）

11 タイムラインの表示を調整する

　タイムラインは、サンプルで用意されているデータについては開始日時順に表示がされていますが、実をいえば並び順を自動的に調整してくれるわけではありません。あれこれ日時の範囲を調整している内に項目の並び順がめちゃくちゃになってしまうことだってあります。

　常に自動的に項目の並び順を調整して欲しい場合は、「並べ替え」を使いましょう。これをクリックし、並べ替えるプロパティとして「日付」を選択すれば、常に開始日時順にデータが並ぶようになります。

図4-11-1　並べ替えに「日付」を指定すると自動的にデータが並べ替えられる。このように逆順に並べるのも簡単だ

グループ化で分類する

　タイムラインは、ただ時間軸を順に表示するだけです。しかし進行状況などに応じて、完了したもの、進行中のもの、未着手のものと分類整理できたほうが遥かに便利ですね。

　このような場合には「グループ化」を活用しましょう。右上の ••• をクリックし、現れたサイドパネルから「グループ」を選択し、グループ化するプロパティに「ステータス」を選択します。これで、ステータスの「未着手」「進行中」「完了」の3つに各項目が分類されます（図4-11-2）。

　このまま進捗を管理し、作業開始したら「未着手」から「進行中」にドラッグ＆ドロップして移動（また、完了したら「進行中」から「完了」に移動）すれば、作業の進行具合も常に把握できます。

図4-11-2　ステータスを使ってグループ化する。進行状況が把握しやすくなる

💡 フィルターで完了項目を消す

　この種の進捗状況は、常に「進行中」と「未着手」をチェックしますが、完了したものについては確認することは殆どありません。ならば、ステータスが「完了」になったものは表示しないようにすればいいですね。

　これはフィルターを使って簡単に行えます。右上の「フィルター」をクリックしてフィルターの設定を呼び出し、フィルター対象から「ステータス」を選択します（図4-11-3）。

図4-11-3　フィルターを設定する

　これでフィルターが追加されるので、作成されたフィルターをクリックして設定パネルを呼び出し、フィルター条件を「ステータスと一致しない」に、検索する値を「完了」にします（図4-11-4）。これで、ステータスが「完了」のものだけが非表示になり、それ以外のものがすべて表示されるようになります。

　このように「並べ替え」「グループ化」「フィルター」といったデータベース機能は、タイムラインでも非常に重要な働きをします。これらを活用してタイムラインを使いこなしましょう。

図4-11-4　フィルターを使って、完了した項目を非表示にする

12 もっと柔軟に使おう

複数のビューを使う

　テーブルやカレンダーといったビューは、1つしか用意できないわけではありません。必要に応じていくつでも作成することができます。

　ビューを作成すると、上部にビューの名前が表示されますが、その横に「ビューを追加」というリンクが表示されます。これをクリックすると新しいビューが作られます。

　ビューを作ると右側にビューの設定を行うサイドパネルが現れます。ここで使用するビューの種類を選択します。そして「完了」ボタンをクリックすればビューが設定されます。

　複数のビューを使ってみると、テーブルやボード、カレンダーにタイムラインなどデータベースを利用したものはすべて「データベースをどう表示するか」の違いだけであることがよく理解できるでしょう。

図4-12-1　「ビューを追加」をクリックすると新しいビューを作る

図4-12-2　ビューの種類を選択し「完了」ボタンを押せば設定される

インラインデータベースについて

　ここまでは、データベースのビューはすべて1つのページとして作成をしてきました。けれど、ページの中にコンテンツの一つとしてデータベースを表示したい場合もあります。こうした場合のために、Notionにはインラインで表示できるデータベースも用意されています。

　これはページの「+」ではなく、ページ内で「/」キーを押したときに現れるリストか

図4-12-3　「/」キーのリストを使い、インラインでデータベースのビューを追加できる

ら選択して作成をします。リス
トとして表示される一覧の
「データベース」というところ
に「テーブルビュー」「ボード
ビュー」……というようにデー
タベース関連のビューが用意さ
れています。ここから使いたい
ビューを選べば、そのビューが
ページ内に埋め込まれます。

図4-12-4　インラインでタイムラインビューを埋め込んだところ

データソースの選択

「/」キーのリストからデータベースのインラインビューを選択すると、画面右側
に「データソース」を選択するサイドパネルが現れます。

このデータソースというのは、「どのデー
タベースを使用するか」を指定するものです。
Notion では、作成したデータベースは
Notionのサーバー内に保管されています。
ビューを作成するときは、保管されているデー
タベースの中から「どのデータを利用するの
か」を指定するのです。こうすることで、そ
のデータベースからデータを取り出して表示
したり、選択したデータベースのデータを書
き換えたりできるようになります。

図4-12-5　データソースは選択できる

データベース＝データソース＋ビュー

ビューにデータソースが指定できるということは、つまり「保管されているデー
タ（データソース）と画面の表示（ビュー）は別のものだ」ということです。

Notionを使っていると、つい「データベースのビュー＝データベース」と考えて
しまいがちですが、そうではありません。ビューは、あくまで「データを表示し操
作するUI」に過ぎません。データは、データソースとして保管されている、という
ことをよく理解しましょう。

Chapter 5

データの集計と連携

この章のポイント
- 「計算」を使ってデータを集計しましょう
- リレーションによるデータソースの連携の働きを理解しましょう
- ロールアップの仕組みと使い方をしっかり学びましょう

01 データの集計

　データベースは、データを蓄積していくだけでなく、表計算的に使うことが可能です。特にテーブルビューを使って数値データを作成していく場合、入力したデータを集計したいことは多いでしょう。

　テーブルビューには、入力したデータの集計機能があります。例として、Chapter 3で作成した「サンプルテーブル」を見てみましょう。このテーブルの一番下を見ると、プロパティごとに「計算」という表示があるのに気がつくはずです。これが集計用の項目です。テーブルでは、データを入力する行の更に下に計算の行が用意されているのです。

図5-1-1　一番下に「計算」という行がある

○ 「計算」に用意されている項目

　この「計算」をクリックすると、計算の方式がメニューで現れます。ここから選ぶだけで、簡単にデータの集計を行えます。用意されている項目は以下のようになります。

❶すべてカウント	データ数を表示します
❷値の数をカウント	値が設定されているデータ数を表示します
❸一意の値の数をカウント	データに設定された値から重複されたものを除いた数を調べます
❹未入力をカウント	データが未入力のものを数えて表示します
❺未入力以外をカウント	値が入力されているものを数えます
❻未入力の割合	値が入力されていないデータの割合を表示します
❼未入力以外の割合	値が入力されているデータの割合を表示します

　これらは、基本的にすべてのプロパティの種類で表示されます。ただしどのプロ

パティでも使えるものばかりではありません。「一
意の値の数をカウント」は、基本的にセレクトや
マルチセレクトのように入力する値がある程度決
まっているものでないと意味がないでしょう。

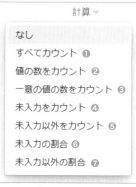

図5-1-2 「計算」に用意されているメ
ニュー

数値の集計

　プロパティの種類が数値の場合、「計算」で表示されるメニューにはさらに項目が
追加されます。以下のような計算が行えるようになります。

⑧合計	値の合計を計算します
⑨平均	値の平均を計算します。整数値の場合、平均の結果は小数点以下が切り捨てられます
⑩中央値	値の中央値を表示します
⑪最小	値の中で最も小さい値を表示します
⑫最大	値の中で最も大きい値を表示します
⑬範囲	値の最大値から最小値を引いたものを計算します

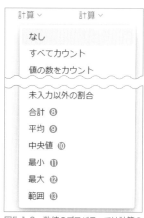

図5-1-3 数値のプロパティでは計算の
種類が追加される

02 データを集計する

では、実際に集計をしてみましょう。サンプルテーブルで、各プロパティの一番下にある「計算」をクリックして、以下のように指定してみて下さい。

支店	値の数をカウント
タグ	一意の値の数をカウント
売上	合計

「支店」では、入力したデータ数が表示されます。未入力のデータはカウントされないのがわかるでしょう。

「タグ」は、ユニークな値の
数が表示されます。例えば「前
期」「後期」といった値を設定
してあったなら、値の数は「2」
になります。タグはセレクトの
プロパティなので、「何種類の
値が使われているか」を表すこ
とになります。

「売上」では、全データの合
計が計算されます。こうした合
計や平均の計算に、「計算」の
メニューは威力を発揮します。

図5-2-1　プロパティごとにデータを集計する

💡 フィルターと併用する

ただし、「計算」に用意されている合計や平均
などの数値計算の機能は、基本的に「全データを
計算する」というものです。データから特定のも
のだけをピックアップして計算することはできま
せん。

では、部分的にデータを集計することはできな
いのか。これは、「フィルター」と組み合わせる
ことで可能です。

図5-2-2　「フィルター」から「タグ」
を選択する

実際にやってみましょう。テーブルの右上にある「フィルター」をクリックし、「タグ」を選択します。これでタグによるフィルターが作成されます（図5-2-2）。

　テーブル上部に追加されたフィルターの表示をクリックし、集計したい項目を選択しましょう。これで選んだタグのデータだけが表示されます。

　フィルター設定ができたら、一番下の「計算」の値を確認して下さい。フィルターで表示されているデータの合計が計算されていることがわかるでしょう（図5-2-3）。

　「計算」の値は、データソースではなく、ビューに表示されているデータを元に処理されます。フィルターで表示されるデータを指定すれば、その条件で表示されているデータだけをもとに計算を行うのです。

　このようにフィルターと組み合わせることで、特定のデータだけを集計することができます。

図5-2-3　フィルターで取り出されたデータだけを集計する

03 ボードの集計

　この「計算」による集計は、テーブル以外でも使うことができます。それは「ボード」と「タイムライン」です。

　「ボード」の集計は、テーブルと違い、プロパティごとには行いません。ボードは、「タグ」などセレクトのプロパティを使い、いくつかの値ごとにデータを並べます。この値ごとに集計を行うようになっています。

　実際にやってみましょう。「サンプルテーブル」を開き、「ビューを追加」（P.121参照）をクリックして新しいビューを作成して下さい。そして ⋯ のメニューから「レイアウト」を選び、レイアウトを「ボード」に設定します。これでボード形式でサンプルテーブルのデータが表示されます。

　デフォルトでは、「タグ」の値を元にデータが分類されます。「前期」「後期」「なし」にそれぞれデータがまとめられるのがわかるでしょう。

図5-3-1　新しいビューを作り、レイアウトを「ボード」にする

図5-3-2　ボードレイアウトにしたところ

💡 集計のためのメニュー

　では、ボードの集計機能を使ってみましょう。ボードの分類の値（「前期」「後期」「なし」）には、それぞれデータ数が数値で表示されています。この数字をクリックして下さい。メニューがプルダウンで現れます。これが、ボードの集計機能です。

　メニューには「すべてカウント」「値の数をカウント」……という具合に、テーブルの「計算」に用意されていたのと同じメニューが表示されます。ただし違っているのは、それぞれのメニューにサブメニューが用意されている点です。

　サブメニューには、その計算を利用可能なプロパティがまとめられています。ここからプロパティを選択すると、そのプロパティの値について集計を行うのです。

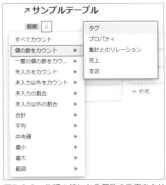

図5-3-3　分類の値にある個数の数字をクリックすると集計用のメニューが現れる

💡 売上平均を集計する

　例として、集計のメニューから「平均」内の「売上」を選んでみましょう。すると各分類の値の横に、それぞれに分類されたデータの売上平均が表示されるようになります。

　これは1つ1つの分類の値で指定するのではなく、すべての分類で同じ集計が行われます。つまりボードでは、集計は1つだけしか設定できないのです。何を集計するかよく考えて使いましょう。

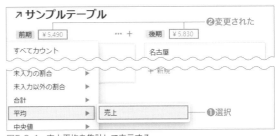

図5-3-4　売上平均を集計して表示する

もう1つ、「タイムライン」の集計についても触れておきましょう。タイムラインでは、各データの日時の範囲が表示されますが、左側に各項目のタイトルも表示されます。もし非表示になっている場合は、タイムラインの左上にある「〇〇年×月」といった表示の左にある >> をクリックすると、各データのタイトルの表示欄が現れます。

図5-4-1 「>>」をクリックすると（左）タイトルが表示される（右）

このタイトル表示の一番下には、「計算」といった表示が見えるでしょう。この部分をクリックすると、メニューがプルダウンで現れます（図5-4-2）。ここから集計の種類を選べば、その集計結果が表示されるようになります。

ただ、このタイムラインの集計は、タイトルとして表示されるプロパティ固定であるため、あまり柔軟性がありません。機能自体はあっても、実際に使うことは殆どないかもしれません。

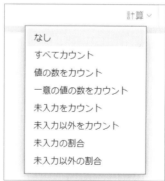

図5-4-2 タイトル下部の「カウント〇〇」をクリックすると集計メニューが現れる

05 複数データベースの連携（リレーション）

　データベースというのは、１つのデータベースだけで完結しているようなものばかりではありません。複数のデータベースが連携して動くようなこともよくあります。このような複雑なデータベースもNotionでは作ることができます。

　Notionのデータベースには「リレーション」というものが用意されています。これはテキストや数値等と同じ値の種類の一つで、関連する別のデータソースにあるデータを参照するものです。このリレーションを活用することで、複数のデータベースを連携して扱えるようになります。

「クライアント」データベースを作る

　では、実際に簡単なデータベースを作成し、連携を行ってみましょう。ここではサンプルとして「クライアント」というデータベースを作ってみます。

　今回は複数のデータベースを同じページ内に配置したいので、データベースはインラインビューを使って作ることにしましょう。適当なページを開き、データベースを配置する場所を選択したら「/」キーを使ってコンテンツのリストを呼び出して下さい。そして現れたリストから「データベース」内の「テーブルビュー」を選択します。

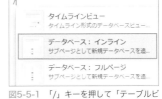

図5-5-1　「/」キーを押して「テーブルビュー」を選ぶ

　右側にサイドパネルが現れ、「データソースを選択する」と表示されます。ここでは新しいデータソースを作ります。フィールドに「クライアント」と名前を入力し、「新規データベース『クライアント』」をクリックして新しいデータソースを作成して下さい。

図5-5-2　新しいデータソースを作成する

テーブルビューの作成

　これで新しいテーブルビューがコンテンツとして配置されます。この段階では、
「名前」「タグ」といった最低限のプロパティだけが用意されています。これに必要
なプロパティを追加していきます。

　テーブルビュー右上の ⋯ をクリックし、現れたメニューから「プロパティ」を選
択してプロパティの編集を行いましょう。

図5-5-3　作成された「クライアン
ト」データソースのテーブルビュー

 プロパティの編集

　プロパティのリストが現れたら、「新しい
プロパティ」を使ってプロパティを追加して
いきます。今回は「担当者」「メール」「電話」
といった項目を用意しておきました。他、そ
れぞれで必要な項目があれば追加しておきま
しょう。

図5-5-4　プロパティを一通り用意する

 完成したビューを利用する

　プロパティの設定が完了したら、もうテーブルは使えるようになります。作成さ
れたテーブルビューを見て、並び順などを調整して下さい。またテーブルに表示し
たくない項目などがあれば、⋯ をクリックして現れるメニューから「プロパティ」
を選び、目のアイコンをクリックして表示させないようにできます。

図5-5-5　調整後のテーブルビュー

　実際にいくつかクライアントのデータを追加してみましょう。ここではテーブルの形でビューを用意していますが、セルをクリックすれば値を書き換えることができます。

　このデータベースは、これまで作ったものと何ら変わるところはありません。どこにでもある一般的なデータベースですので、データの入力も編集も簡単に行えるでしょう。紙面と同じように進めたい場合は表5-5-1のデータを追加して進めてください。

図5-5-6　テーブルにデータをいくつか追加しておく

名前	タグ	担当者	メール	電話
佐倉企画		臼井	usui@sakura	999-999
八千代デザイン		勝田	katsuta@yachiyo	888-888
印西印刷		船尾	funao@inzai	777-777

表5-5-1　サンプルとして入力するデータ

◯ 「発注メモ」データベースを作る

　では、クライアントと連携するデータベースとして、同じページ内に「データベース：インライン」の形式で、「発注メモ」というデータベースを作ってみましょう。「/」キーを押すか、「クライアント」データベースの左側に表示されるブロックの追加アイコン（「＋」）をクリックしてテーブルビューを作成し、データソースは「発注メモ」という名前で新しく作成をします。そしてプロパティとして次のようなものを用意しておきます。

図5-5-7　「発注メモ」を作成し、プロパティを用意する

❶メモ	タイトル（「名前」プロパティ）の名前を変更して使います
❷タグ	デフォルトで用意されているものをそのまま使います
❸日時	新たに作成します。プロパティの種類から「日付」を選んでおきます
❹クライアント	新たに作成します。設定はこの後で行います

◯ クライアントと連携する

　ここで用意した「クライアント」というプロパティに、関連する「クライアント」データソースの値を連携して設定することにします。

　では、… をクリックして現れたメニューから「プロパティ」を選び、プロパティのリストを表示して下さい。そこから「クライアント」をクリックし、プロパティの種類を選びます。

　種類の一覧リストの中に「リレーション」という項目があるので、これを選んで下さい（図5-5-8の左）。このリレーションが、他のデータソースとの連携を設定するためのものです。これを選ぶと、「新しいリレーション」という表示が現れるので、連携するデータソースを選びます。ここでは「クライアント」を選択し（図5-5-8の中央）、その下にある「クライアントに表示」というスイッチをONにしてから「リレーションを追加」ボタンをクリックして下さい（図5-5-8の右）。

図5-5-8　プロパティの種類に「リレーション」を選び、新しいリレーションとして「クライアント」を選択する

　この「クライアントに表示」という項目は、リレーションを設定したデータソース（ここでは「クライアント」）側にも連携するデータソースのプロパティを追加し表示するためのものです。リレーションされた側で、リレーション元の情報を知る必要がないならOFFのままでも構いません。

田 テーブルビュー ∨					
クライアント					
Aa 名前	⊨ タグ	≣ 担当者	≣ メール	≣ 電話	↗ 発注メモ
桜企画		臼井	usui@sample.com	999-999	
八千代デザイン		勝田	katsuta@sample.com	888-888	
印材印刷		船尾	funao@mynavi.com	777-777	
+ 新規					

田 テーブルビュー ∨				
発注メモ				
Aa メモ	⊨ タグ	🗓 日時	↗ クライアント	+ ⋯
空のテーブルです。				
+ 新規				

「/」または「；」でコマンドを入力する

図5-5-9　「発注メモ」が作成された

　これで「発注メモ」が作成されます。「クライアント」の項目には、右上を向いた矢印のアイコンが表示されているでしょう。これはリンクなどでも使われていましたが、別のものに関連付けられていることを示すアイコンです。

06 リレーション後の表示や動き

「発注メモ」でデータを作成する

　では、実際に発注メモにデータを作成してみましょう。通常と同じように、テーブルからセルをクリックして値を記入していきます。紙面と同じように進めたい場合は表5-6-1のデータを追加して進めてください。

メモ	タグ	日時	クライアント
桜ステーションプロジェクト立案		（任意の日時）	佐倉企画
桜ステーションチラシデザイン		（任意の日時）	八千代デザイン
桜ステーションチラシ印刷		（任意の日時）	印西印刷
桜ステーションWebサイト開設		（任意の日時）	八千代デザイン

表5-6-1　サンプルとして入力するデータ

　実際に試してみると、リレーションを設定した「クライアント」のセルをクリックすると、その場に「クライアント」データソースのデータがポップアップして現れます。ここから設定したいデータをクリックして選ぶと、そのデータが値として設定されます。

図5-6-1　「クライアント」をクリックすると、クライアントのデータがポップアップして現れる

「クライアント」側のリレーション

　リレーションを使って他のデータソースと連携するやり方はこれで分かりました。では、連携された側がどうなっているか見てみましょう。

　「クライアント」のテーブルビューを見ると、そこに「発注メモとのリレーション」というプロパティが追加されているのに気がつきます（図5-6-2）。

　先にリレーションを設定した際、「クライアントに表示」というスイッチをONに設定したのを思い出しましょう。リレーションを使って別のデータソースと連携する際にこのスイッチをONにしておくと、連携された側には「○○とのリレーション」というプロパティが自動生成されるのです。そしてそこに、連携されたデータソースのデータが追加されるようになります。

　リレーションを設定することで、このように連携するデータソースの双方にプロパティが作成されるようになっているのです。この「発注メモとのリレーション」プロパティに設定されている値をクリックすると、「発注メモ」のデータがポップアップして現れます。それを更にクリックすれば、データの内容を編集するパネルが現れ、連携するデータを編集できるようになります。

図5-6-2　「クライアント」テーブルビューには「発注メモとのリレーション」プロパティが自動作成されている

07 リレーションされた データソースとビュー

　データベースには複数のビューを作成できます。ではリレーションを設定した場合、テーブル以外のビューの表示はどのようになるのでしょうか。

　実際にビューを追加してみましょう。「発注メモ」の上部にある「ビューを追加」をクリックし、新しいビューを作成してみます。ビューの種類は「タイムライン」にしておきます。そして右上の <kbd>•••</kbd> をクリックして現れたメニューから「プロパティ」を選択し、「クライアント」プロパティをタイムラインで表示するように設定します。

　これでタイムラインにタイトルのメモとクライアントの値が表示されるようになります。では、どのように表示されるのか？　確認してみればわかりますが、クライアントはファイルのアイコンの横にクライアントの名前がテキストで表示されます（図5-7-1）。

　これがリレーションされたデータの表示です。関連するデータソースのデータにあるタイトルだけが表示されるようになっているのですね。

図5-7-1　タイムラインにクライアントを表示させたところ

リレーションされた側の表示

　では、リレーションされた側はどうでしょう。「クライアント」の上部にある「ビューを追加」で新しいビューを追加してみましょう。ビューの種類は「ボード」にしておきます。そしてプロパティの設定で、「発注メモとのリレーション」も表示されるようにしておきます。

　こうすると、「発注メモとのリレーション」の項目内に連携している発注メモがすべて表示されます。表示は、やはりファイルアイコンの横に発注メモのタイトルが

並んだ形になります。発注メモにあるクライアントを指定したデータが複数あれば、それらがすべて表示されます。

　多くのリレーションでは、データの対応は「1対多」となっています。「あるデータソースのデータ1つに対し、連携するデータソースの複数のデータが関連付けられる」という形ですね。

　このようなリレーションの場合、複数のデータが関連付けられているとそれらがまとめて表示されるため、非常にわかりにくくなるかもしれません。「リレーションされる側」では、リレーション相手の表示は省略したほうが見やすいでしょう。

図5-7-2　クライアント側では、「発注メモとのリレーション」にいくつものデータが表示されるようになる

08 同一データベース内での リレーション

リレーションは、別のデータベースと行うものばかりではありません。「自分自身とのリレーション」を行うことだってあるのです。「自分自身とリレーションすることなんてないのでは？」と思うかもしれませんが、そうでもありません。

例えば、ここで作った「発注メモ」では、その発注に関連する別の発注情報にリンクできればよりわかりやすいと思いませんか？　例えば、ある企画をプロダクションに発注したとき、それに関連するもの（パンフの印刷やWebサイト作成など）の発注情報もまとめて見ることができたら便利でしょう。このようなときに、「自分自身へのリレーション」は使われます。

では、実際にやってみましょう。「発注メモ」の … をクリックし、現れたメニューから「プロパティ」を選択して下さい。そして「発注メモとのリレーション」という名前で新しいプロパティを作成しましょう。

図5-8-1　「発注メモ」に「発注メモとのリレーション」プロパティを追加する

プロパティの種類をリレーションに変更

「発注」プロパティができたら、 … で現れるメニューから「プロパティ」を選び、表示されるプロパティのリストから「発注」を選択してプロパティの設定を行うサイドパネルを呼び出しましょう。

そして「プロパティの種類」を選択し、「リレーション」を選んで下さい（図5-8-2）。

画面にリレーション先のデータソースを選択する表示が現れるので、ここから「発注メモ」を選びます。そうすると画面にリレーションのプロパティ作成に関する画面が現れます。ここに「個別の方向」というスイッチが表示されます。これは以下のような働きをします。

図5-8-2　「発注」プロパティの種類を「リレーション」に変更する

スイッチをON	リレーションのリンク元とリンク先をそれぞれ別のプロパティとして用意します
スイッチをOFF	1つのプロパティだけでリレーションの状態を表現します

　デフォルトでは、スイッチはOFFになっているでしょう。このまま「リレーションを作成」ボタンをクリックして下さい。

図5-8-3　リレーションに「発注メモ」データソースを指定し（左）、「個別の方向」をOFFにする（右）

◌ リレーションを設定しよう

　では、作成したリレーションを設定してみましょう。テーブルで「発注」のセルをクリックすると、「発注メモ」のデータがポップアップして現れます。ここからリンクしたい項目をクリックして選んで下さい。

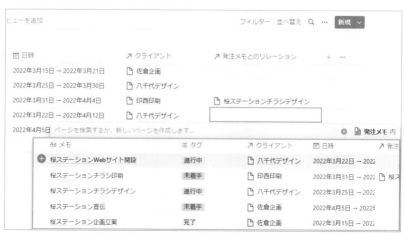

図5-8-4　発注メモのリストからリンクしたい項目を選ぶ

新しいプロパティを作成する

　リレーション先に自身を指定すると現れるプロパティ作成の選択画面で「個別の方向」をONにした場合はどうなるでしょうか。

　ここの場合、テーブルには「発注メモとのリレーション」「発注メモからのリレーション」の2つのプロパティが追加されます。そして「発注メモとのリレーション」プロパティで他のデータにリンクすると、リンクされた側の「発注メモからのリレーション」にリンク元へのリンクが表示されるようになります。リンクする側とされる側が別々のプロパティで表示されるようになるわけです。

　通常は、リンク先を指定できればそれで十分でしょう。しかし「どこからリンクされているのか」を明確にわかるようにしたい場合は、「個別の方向」をONにして使うと良いでしょう。

図5-8-5　「個別の方向」をONにすると「発注メモとのリレーション」「発注メモからのリレーション」プロパティが自動的に追加される

09 ロールアップについて

リレーションは、関連するデータのリンクを設定するものでした。では、関連データの中から必要な値を取り出して利用することはできるのでしょうか。

これは「ロールアップ」という機能を使うことで可能になります。ロールアップは、リレーションされたデータから必要な項目の値を取り出して利用する機能です。これはリレーションと合わせて利用します。

では、実際に簡単な例を作りながらロールアップの働きを理解しましょう。Chapter 3で、「サンプルテーブル」というデータベースを作成しましたね。支店と売上をまとめた単純なものです。このサンプルデータとリレーションして、必要なデータを集計するデータベースを作ってみましょう。

Aa 支店	◎ タグ	# 売上	Q プロパティ
東京	前期	¥9,870	
東京	後期	¥8,760	
大阪	前期	¥7,650	
大阪	後期	¥6,540	
名古屋	前期	¥3,210	
名古屋	後期	¥2,190	
ロンドン	前期	¥1,230	

図5-9-1　Chapter 3で作成したサンプルテーブル

「集計」データベースの作成

では、サンプルテーブルからデータを集計する「集計」データベースを作りましょう。これもインラインデータベースとして作成をします。

適当なページのコンテンツ部分をクリックし、「/」キーでコンテンツのリストを呼び出して下さい。そして「データベース」というところにある「データベース：インライン」を選びます。

インラインでテーブルビューが作成されるので、タイトルに「集計」と入力しましょう。

図5-9-2　インライン（左）でデータベースを作成する（右）

💡 リレーションを設定する

サンプルテーブルにリレーションするためのプロパティを作成します。テーブルのプロパティ名表示のところにある「＋」をクリックし、新しいプロパティを追加します。プロパティ名は「データ」としておきましょう。

そしてプロパティの種類から「リレーション」を選びます。リレーションするデータソースには「サンプルテーブル」を指定します。これでサンプルテーブルのデータを関連付けられるようになりました。

図5-9-3 「データ」プロパティにサンプルテーブルとのリレーションを設定する

「データ」ができたら、実際にデータを入力してみましょう。「データ」プロパティのセルは、クリックすると「サンプルテーブル」のデータがポップアップ表示されるようになります。ここから、集計したい項目の右端（「＋」アイコンが表示されます）をクリックするとデータを追加できます。

図5-9-4 「データ」のセルをクリックし（上）、サンプルテーブルの項目を追加する（下）

10 ロールアップを作成する

では、リレーションしたサンプルテーブル
の値を利用するロールアッププロパティを作
りましょう。プロパティ名の表示部分にある
「+」をクリックして新しいプロパティを追
加して下さい。名前は「合計金額」としてお
きます。

名前を設定したら、「プロパティの種類」
から「ロールアップ」を選択して下さい。

図5-10-1 「合計金額」プロパティを作成し、
ロールアップに指定する

💡 ロールアップを設定する

ロールアッププロパティの設定を行う表示が右側のサイドパネルに表示されます。
ここで順番に設定を行っていきます。

❶リレーションの指定

まず「リレーション」をクリックし、「デー
タ」を選択して下さい。これは、このデータ
ソースにあるリレーションプロパティを指定
するものです。これで、「データ」にリレー
ションでリンクしたサンプルテーブルのデー
タが指定されます。

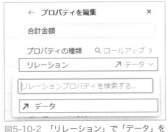

図5-10-2 「リレーション」で「データ」を
選択する

❷プロパティの指定

リレーションで指定したデータソースから、ロールアップで使う値（プロパティ）
を指定します。ここでは「売上」を選んでおきます（図5-10-3）。

ここで選ぶのは、この集計データソースにあるプロパティではなく、リレーショ

ンで選択した「サンプルテーブル」側のプロ
パティです。勘違いしないように注意して下
さい。

図5-10-3 「プロパティ」から「売上」を選
択する

❸計算の指定

「計算」を指定します。これは❷で指定し
たプロパティの値をどう利用するかを指定す
るものです。

ここでは、ポップアップして現れるメニュー
から「合計」を選んでおきます。

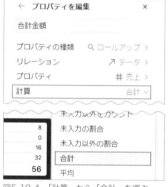

図5-10-4 「計算」から「合計」を選ぶ

🔍 リレーションしたデータを合計する

これでロールアップの設定はできました。実際に表示を確かめてみましょう。「集
計」データベースで「データ」プロパティに集計したいサンプルテーブルのデータ
を指定しておくと、「合計金額」のセルに各データの売上の合計が表示されます。

これが、ロールアップの働きです。リレーションされたデータにある値を調べて
計算結果を表示させることができるのです。

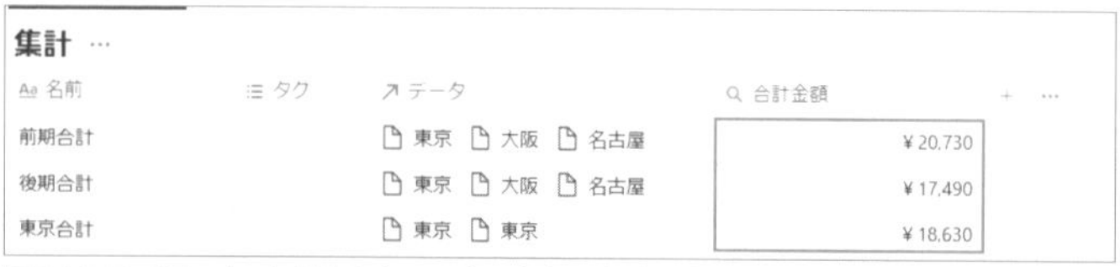

集計 ···			
Aa 名前	≔ タグ	↗ データ	🔍 合計金額
前期合計		📄 東京 📄 大阪 📄 名古屋	¥ 20,730
後期合計		📄 東京 📄 大阪 📄 名古屋	¥ 17,490
東京合計		📄 東京 📄 東京	¥ 18,630

図5-10-5 「データ」に追加したデータの売上の合計が「合計金額」に表示される

11 さまざまな集計

　ロールアップは、プロパティの「計算」を指定することでさまざまな計算の結果を表示させることができます。ここで用意されている計算の項目を簡単にまとめておきましょう。

オリジナルを表示する	リレーションされたデータをそのまま表示します。基本的にリレーションのプロパティと同じ表示になります
一意の値を表示する	リレーションされたデータから重複されたものを除いて表示します。セレクト、マルチセレクトのプロパティを参照したときに使います

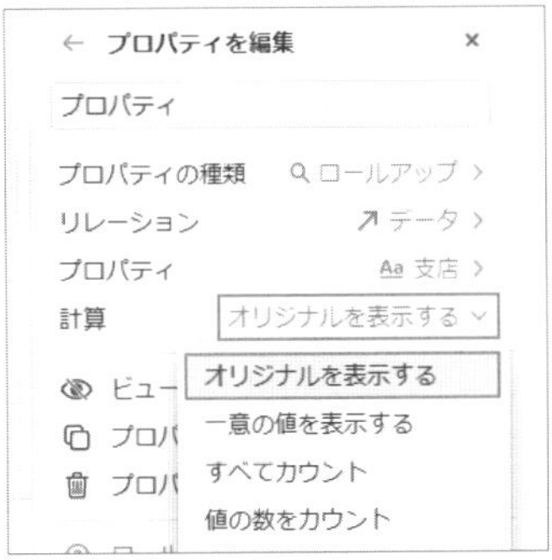

図5-11-1　「オリジナルを表示する」ではそのままデータを表示する

すべてカウント	リレーションされたデータ数を表示します
値の数をカウント	リレーションされたデータの内、値を取得するプロパティに設定されている値の数を調べて表示します
一意の値の数をカウント	リレーションされたデータから取得した値から重複されたものを覗いた数を調べます

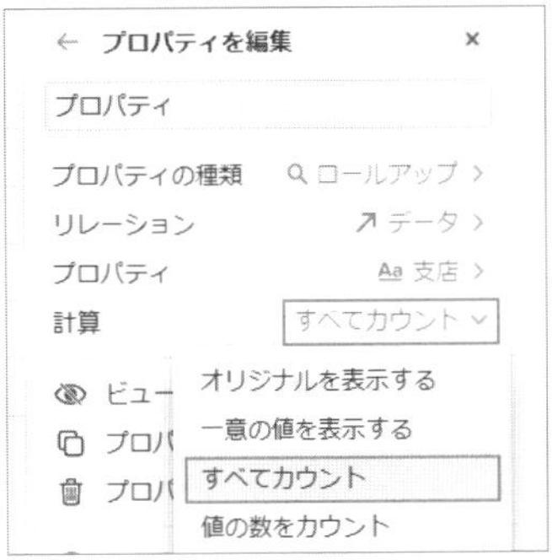

図5-11-2　「すべてカウント」ではデータ数をカウントして表示する

未入力をカウント	データから値を取り出すプロパティが未入力のものを数えて表示します
未入力以外をカウント	データから取り出すプロパティに値が入力されているものを数えます
未入力の割合	値が入力されていないデータの割合を表示します
未入力以外の割合	値が入力されているデータの割合を表示します

数値の集計

　ロールアップで利用するプロパティが数値だった場合、さらに計算の項目が追加されます。以下のような計算が行えます。

合計	参照する値の合計を計算します
平均	参照する値の平均を計算します。整数値の場合、平均の結果は小数点以下が切り捨てられます
中央値	参照する値の中央値を表示します
最小	参照する値の中で最も小さい値を表示します
最大	参照する値の中で最も大きい値を表示します
範囲	参照する値の最大値から最小値を引いたものを計算します

　合計や平均は、データソースから特定のデータを集めて集計する際に便利でしょう。あまり複雑なことはできませんが、ちょっとした集計ならロールアップを使って行うことができるでしょう。

12 ロールアップの集計

ロールアップを使うと、さまざまなデータをまとめて集計できます。テーブルには、プロパティごとに集計を行う「計算」という機能もありました。これは、ロールアップのプロパティでももちろん利用できます。

ただし、ロールアップはさまざまなデータをまとめて扱えるので、それらをただ合計や平均してもあまり意味ある結果は得られないでしょう。ロールアップの値を集計するには、集計に必要な項目だけを抜き出して表示するような方法を考える必要があります。

図5-12-1　ロールアップの「合計金額」を計算しても、同じ値が何度も集計されるので意味ある値にはならない

🔆 タグを用意する

例として、集計に前期・後期のデータを集計したものや、支店ごとのデータを集計したものなどが並んだ状態を考えてみましょう。その他にも、不特定の項目が集計されたものもあるとします。このような中から、特定のデータだけをピックアップして集計することを考えます。

このようなときに活用されるのが「タグ」プロパティです。タグは、「セレクト」の種類が設定されたプロパティで、データを種類分けするのに役立ちます。

では、右上の ••• をクリックし、現れたメニューから「プロパティ」を選択し、表示されたプロパティのリストからさらに「タグ」を選択しましょう。これで、タグのプロパティを編集する画面がサイドパネルに現れます。

ここで、「オプションを追加」をクリックしてタグに表示される値を作成します。

ここでは以下の２つの値を用意しておきました。

期間	前期・後期などの期間ごとの集計を表すもの
支店	支店ごとの集計を表すもの

これらのラベルを使って、ロールアップしたデータを分類整理していきましょう。

← プロパティを編集 ×
タグ
プロパティの種類 マルチセレクト
オプション
＋ オプションを追加

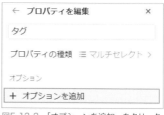

図5-12-2　「オプションを追加」をクリック

← プロパティを編集 ×
タグ
プロパティの種類 マルチセレクト
オプション
オプションを追加
支店
期間
ビューで非表示

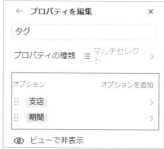

図5-12-3　タグに「期間」「支店」といったオプションを追加する

ロールアップデータにタグ付けする

では、各データにタグ付けをしていきましょう。前期・後期の合計データには「期間」タグを付けます。また支店ごとの合計データには「支店」タグを付けておきます。それ以外のものには何もタグは付けません。

これで、「期間」「支店」「なし」のいずれかにデータが分類されました。

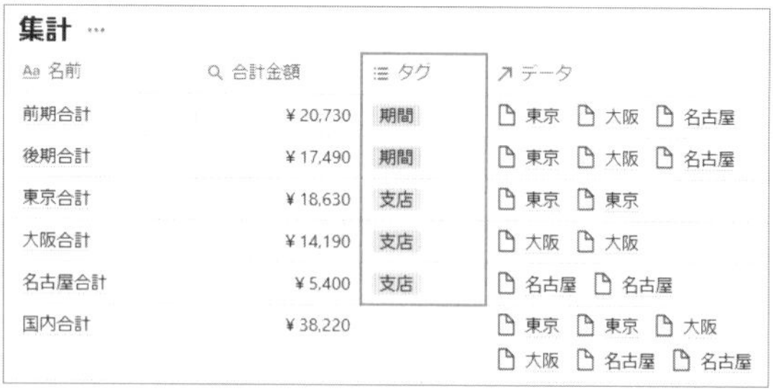

集計 ···
名前
合計金額
タグ
データ
前期合計 ¥20,730 期間 東京 大阪 名古屋
後期合計 ¥17,490 期間 東京 大阪 名古屋
東京合計 ¥18,630 支店 東京 東京
大阪合計 ¥14,190 支店 大阪 大阪
名古屋合計 ¥5,400 支店 名古屋 名古屋
国内合計 ¥38,220 東京 東京 大阪 大阪 名古屋 名古屋

図5-12-4　各データにタグをつける

フィルターで表示データを絞る

　では、この中から特定のデータだけを表示
させましょう。右上の「フィルター」をクリッ
クし、「タグ」を選択します。これでタグを
使ったフィルターが追加されます。

図5-12-5　フィルターから「タグ」を指定する

　作成されたフィルターから「支店」を選択しましょう。これで、支店ごとの合計
データだけが表示されるようになります。
　「合計金額」プロパティの下部にある「計算」から「平均」を選ぶと、各支店の年
間売上の平均が計算されます。データの中から必要なものだけをフィルターで取り
出し計算すれば、このように柔軟に計算結果を得ることができます。

図5-12-6　各支店の売上合計の平均が計算
される

13 リレーションのマスターは必須！

　以上、計算、リレーション、ロールアップといった機能について使い方を説明しました。これらの中でも重要なのは「リレーション」です。

　リレーションは、複数のデータソースを関連付けるための基本となる機能です。ロールアップは、リレーションを利用した機能ですから、リレーションがわかっていないと使いこなせません。ロールアップの機能が必要となってくるのは、ある程度Notionのデータベースを使いこなすようになってからでしょう。まずは、リレーションを使いこなせるようになりましょう！

Chapter **6**

関数を利用しよう

この章のポイント

・関数プロパティの使い方を覚えましょう
・プロパティの値を関数で利用できるようになりま
　しょう
・テキスト、数値、日時の計算について学びましょう

01 関数とは？

　データベースのビューには、集計を行う機能が用意されていました。テーブルの「計算」などがそうですね。これを使うと、プロパティにある値を合計したり平均を計算することが簡単に行えます。

　ただし、これで行えるのは、あらかじめ用意された、いくつかの計算のみです。また、基本的には「列単位」での計算です。

　しかし、各行のデータを使って自分なりに計算が行えれば便利なケースもたくさんあります。こうした「各データの値を使った計算」を行いたいときはどうすればいいのでしょうか。

　これは、そのための専用のプロパティを利用するのです。それが「関数」です。関数は、プロパティの種類の一つです。テキストや数値、リレーションなどのように、プロパティに「関数」を設定することで、あらかじめ用意した式に従って計算した結果をプロパティの値として扱えるようになります。

💡「成績」データベースを作る

　では、実際に簡単なデータベースを作って関数を利用してみましょう。ここでは、テストの成績を集計する簡単なデータベースを作ってみます。

　インラインでもページでもいいので、新しいデータベースを用意して下さい。名前は「成績」としておきましょう。ビューはテーブルにしておきます。

図6-1-1 「成績」データベースを作成する

　デフォルトでは「名前」と「タグ」のプロパティしかありませんから、必要なプロパティを追加していきましょう。プロパティ名が表示されている行の右端にある「＋」をクリックして新しいプロパティを作成します。ここでは、「国語」「数学」「英語」の3つのプロパティを追加しておくことにしましょう。これらは、いずれも

プロパティの種類を「数値」に変更しておいて下さい。

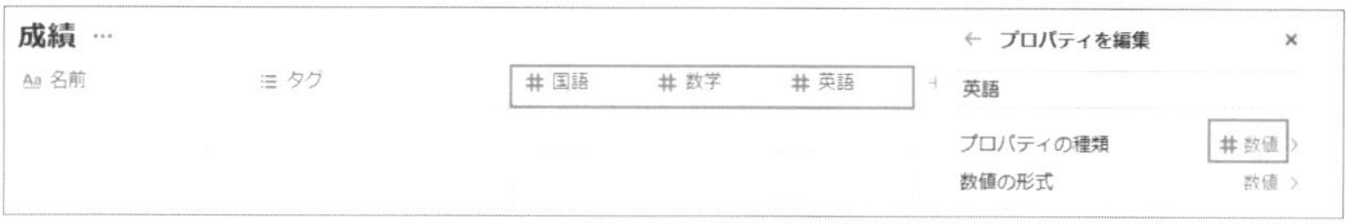
成績 …
Aa 名前
☰ タグ
国語
数学
英語
← プロパティを編集
×
英語
プロパティの種類
数値
数値の形式
数値

図6-1-2　「国語」「数学」「英語」という数値のプロパティを作成する

作成できたら、それぞれの項目にデータを記述していきましょう。「名前」には生徒の名前を、そして「国語」「数学」「英語」にはそれぞれ点数を入力します。タグは、今は特に記入する必要はありません。

いくつかサンプルのデータを作成できたので、これをベースに関数の働きを説明していきます。

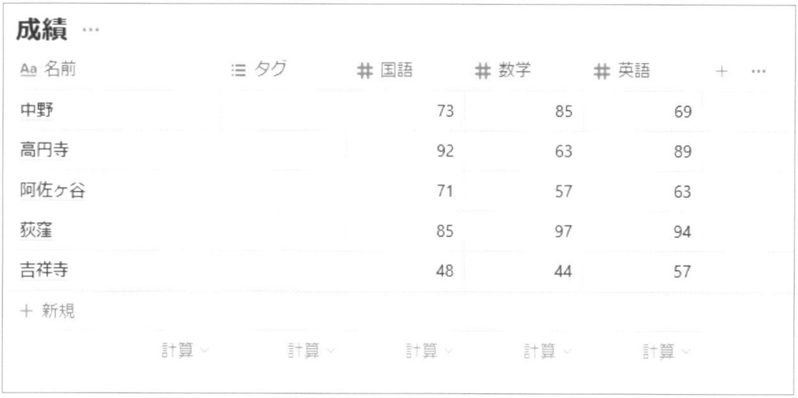
成績 …
Aa 名前
☰ タグ
国語
数学
英語
中野 73 85 69
高円寺 92 63 89
阿佐ヶ谷 71 57 63
荻窪 85 97 94
吉祥寺 48 44 57
+ 新規
計算
計算
計算
計算
計算

図6-1-3　ダミーのデータをいくつか入力する

02 関数プロパティを作成する

先ほど触れたように、関数は「プロパティの種類」として用意されています。利用するにはそのためのプロパティを用意する必要があります。

では、プロパティ名の右端にある「＋」をクリックして新しいプロパティを作成しましょう。名前は「プロパティ」のままとし、「プロパティの種類」から「関数」を選択して下さい。これで、このプロパティは指定した関数の処理によって値が自動設定されるようになります。

図6-2-1　プロパティの種類から「関数」を選択する

関数を選択すると、「プロパティを編集」のパネルに「関数」という項目が追加されます。これをクリックして、関数の内容を作成します。

図6-2-2　追加された「関数」という項目をクリックして関数を編集する

数式ウィンドウについて

プロパティの編集パネルから、追加された「関数」をクリックすると、画面に数式の編集を行うウィンドウが現れます。このウィンドウは、大きく３つのエリアに分かれています。

❶上部の横長のエリア	ここに数式を記入し、右側の「完了」ボタンで設定をします
❷予約語のリスト	左側には、式で利用できるもの（プロパティや関数など）のリストが表示されています
❸予約語の説明	リストから項目を選ぶと、その説明が右側の広いエリアに表示されます。ここでそれぞれの関数の使い方などを調べながら式を作成できます

図6-2-3　数式ウィンドウ。ここで式を作成する

03 数式を構成するもの

数式は、「1 + 2」のように数字と四則演算の記号だけしか使えないわけではありません。もっとさまざまなものが利用できるのです。数式で使われるものについて簡単にまとめておきましょう。

値	数値やテキストなどの値。テキストは、"○○"というように値の前後にダブルクォートをつけて記述をします
関数	プロパティの種類としての「関数」とは違うものです。数式では、さまざまな働きをする予約語が多数用意されており、それを使って複雑な処理を行えます
プロパティ	データのプロパティの値です。これは、用意されている関数を利用して値を取り出し利用できます
定数	例えば円周率（π）のように、よく使われる値は「定数」というものとして用意されています
演算子	値を計算するための記号です。いわゆる四則演算の記号もそうですし、その他にも独自の演算記号が用意されています

「関数」という用語

前節ではプロパティの種類として用意されている「関数」について説明をしました。が、そこで指定する数式の中でも「関数」という用語が出てきます。これで混乱する人もいることでしょう。

関数という言葉は、「なにかの処理を行った結果を値として得る機能」の一般的な用語です。関数という言葉そのものは、中学校の数学などでも登場したはずですね。関数プロパティは、数式というものを使って計算した結果を値として表示します。そして数式で使われる関数も、何らかの結果を値として取り出すためのものです。

何かの処理をして値を得るものは、基本的に全部「関数」なんですね。関数というのは特別な用語ではなく、計算して結果を得るものを示す一般的な用語なんだ、と理解してください。

04 プロパティの合計を計算する

　では、実際に数式を記入してみましょう。数式ウィンドウは開いたままになって
いますか？　では、左側のリストから「プロパティ」のところにある「国語」をク
リックして下さい。これで、上の数式フィールドに「prop("国語")」とテキストが
入力されます。

図6-4-1　「国語」プロパティをク
リックすると、「prop("国語")」と
入力される

　そのまま「+」キーをタイプし、またリストから「数学」プロパティをクリック。
また「+」キーをタイプし、「英語」プロパティをクリックします。これで、数式の
フィールドには、以下のような式が入力されます。

リスト6-4-1

```
01  prop("国語") + prop("数学") + prop("英語")
```

　これが、今回作成した数式です。これで、「国語」「数学」「英語」の各点数の合計
が計算され、このプロパティの値として表示されるようになります。

図6-4-2　プロパティをクリックし
て3つのプロパティの合計を計算す
る式を作る

💡 フォーマットの設定

　式が入力できたら、式のフィールド右側にある「完了」ボタンをクリックして下
さい。これで数式ウィンドウが消えます。そしてプロパティの編集パネルにある「プ
ロパティの種類」の項目の下に「数値の形式」という項目が追加されます。
　今回作成した数式は数値を結果として得るものです。「数値を結果として得る」と

いうことは、つまり「このプロパティの種類は『数値』である」ということになりますね。したがって、数値の形式（フォーマット）を指定するための項目が自動追加されたのです。

このように、関数プロパティは結果として得られる値の種類によって表示や性質などが変化します。数値であれば「数値の形式」が表示され、値をフォーマットできるようになるのです。

ここでは、数値の形式はデフォルトの「数値」のままでいいでしょう。金額を扱うような場合は、この形式を変更して日本円の表示に変えるなどするとよいでしょう。

図6-4-3　「数値の形式」という項目が追加される

これで、計算した結果がプロパティの値として表示されるようになりました。3つのプロパティの合計になっていることを確認しましょう。

# 国語	# 数学	# 英語	Σ プロパティ	+
73	85	69	227	
92	63	89	244	
71	57	63	191	
85	97	94	276	
48	44	57	149	
平均 73.8	平均 69.2	平均 74.4		

図6-4-4　3教科の合計が表示される

「prop」関数について

ここでは、3つのプロパティの値を取り出し足し算しました。プロパティの値は、数式ウィンドウの「プロパティ」からプロパティ名をクリックして入力しましたね。プロパティの値は、以下のような形で取り出せるようになっています。

［書式］プロパティ名を指定して値を取り出す

```
01  prop( プロパティ名 )
```

これで、指定した名前のプロパティの値が取り出されます。この「prop」は、

「関数」（数式の中でさまざまな処理を行うもの）です。関数について詳しくは次節で説明しますが、ここでは「プロパティの値は、propの後に()でプロパティ名を指定して取り出す」ということだけ理解しましょう。

 数値の四則演算

　取り出したプロパティの値は、+記号で足し算していました。いわゆる四則演算は、それぞれ以下の記号を使って記述できます。

記号	概要
A + B	AとBを足す
A - B	AからBを引く
A * B	AにBをかける
A / B	AをBで割る
A % B	AをBで割った余りを得る
A ^ B	AのB乗（べき乗）を得る

　単純な四則演算の他、割り算の剰余やべき乗のための演算記号も用意されています。また演算の優先順位を示す()なども使うことができます。

05 関数の使い方

　改めて、数式を作成するのに重要となる「関数」の使い方について説明します。プロパティの値を利用するときも「prop」という関数を使いました。数式では、さまざまな値を得るのに関数を利用します。ですから、関数の基本的な使い方は最初に覚えておいたほうがいいでしょう。

　関数は、以下のような形で記述します。

[書式] 関数の定義

```
01  関数名 ( 引数1, 引数2, ……)
```

　関数名の後に () という記号を付けます。これが関数の基本です。() の中には「引数（ひきすう）」と呼ばれる値を指定します。引数というのは、その関数で必要な情報を渡すためのものです。どのような引数を指定するかは関数によって決まっています。

　例えば、「国語」プロパティの値は、prop("国語") として取り出すことができました。これはprop という関数に、"国語"という値を引数に指定しているからです。prop関数は「どのプロパティの値を取り出すか」という情報を用意しないといけません。ですので引数に用意されていたのです。

　関数によっては、引数を持たないものもあります。その場合は、() だけが付けられます。また複数の引数を持つものもあります。この場合は、それぞれの引数をカンマで区切って記述します。

06 真偽値と比較演算

　関数を利用するとき、よく使われるのが「真偽値」という値の種類と、「比較演算子」という演算記号を用いた式です。関数から少し話がそれますが、これらについても説明しておきましょう。

　数値やテキストの値というのは、私たちが普段から利用しているものですからどんなものかすぐにわかります。けれどコンピュータの世界では、一般的にはあまり用いられない特殊な値もあります。

　「真偽値」という値は、コンピュータ特有のものといっていいでしょう。これは、「正しいか、正しくないか」という二者択一の状態を表します。この真偽値は、たった2つしか値がありません。

真偽値	概要
true	正しい状態を表します
false	正しくない状態を表します

Chapter 6

　この真偽値は、数式では非常に面白い働きをします。試しに、P.159で作成した数式（図6-4-2）の値を「true」と書き換えてみて下さい。すると、関数プロパティのセルにチェックボックスが表示され、すべてONになります。

　真偽値は、Notionのデータベースビューではこのようにチェックボックスとして表示されます。そしてtrueならばONに、falseならばOFFになるのです。非常に直感的でわかりやすいですね。

図6-6-1　数式に「true」と入力すると、チェックボックスがONの状態になる

比較演算子について

　この真偽値は、trueやfalseといった値を直接記述する以外にも使われます。その代表的なものが「比較演算」です。

比較演算というのは、2つの値を比べる式のことです。これは比較演算子という記号を使って以下のように表します。

比較演算子	概要
A == B	AとBは等しい
A != B	AとBは等しくない
A < B	AはBより小さい
A <= B	AはBと等しいか小さい
A > B	AはBより大きい
A >= B	AはBと等しいか大きい

　これらの式が成立するならば結果はtrue、しないならばfalseになります。これらの演算子を使うことで、値を比較して、等しいかどうか、あるいは大きいか小さいかなどを調べて結果を真偽値で表せるようになります。
　実際に簡単な例を挙げておきましょう。関数プロパティの数式に以下の式を記入して下さい。

リスト6-6-1
```
01  prop("国語") >= 80
```

図6-6-2　国語が80以上だとチェックがONに、80未満だとOFFになる

# 国語	# 数学	# 英語	Σ プロパティ
73	85	69	☐
92	63	89	☑
71	57	63	☐
85	97	94	☑
48	44	57	☐

　これは、「国語」の点数をチェックする式です。点数が80以上ならばチェックボックスがONになり、80未満であればOFFになります。各データの「国語」の点数によってチェックボックスのON／OFF状態が自動的に決まることがわかるでしょう。
　比較演算子は基本的に数値のためのものですが、==や!=のように「等しいかどうか」を調べるものはテキストや真偽値の値でも利用することができます。

07 テキストと数値の利用

　数式を使うことにより、他のプロパティの値から結果となる値を作成して表示できるようになります。この結果は、ただ数値やチェックボックスで表示されるだけでも十分使えますが、よりわかりやすいテキストとして表示されればさらによいでしょう。

　こうした際に利用されるのが「+」演算子と「concat」関数です。+は、数値の足し算で使うものですが、テキスト同士を+でつなげることもできるのです。

　concat関数は、複数のテキストを1つにまとめるものです。これは以下のように利用します。

[書式] 複数のテキストを1つにまとめる

```
01  concat( テキスト1, テキスト2, ……)
```

　=()内に、1つにつなげたいテキストを必要なだけ記述します。それぞれのテキストはカンマで区切って記述します。

　このconcat関数を使うことで、さまざまな値を一つのテキストにまとめて表示できるようになります。

　例として、簡単なテキストを一つにまとめる式を書いてみます。数式ウィンドウで、以下のように数式を記入して下さい。

リスト6-7-1

```
01  concat(prop("名前"),"のテスト結果です。")
```

# 国語	# 数学	# 英語	Σ プロパティ
73	85	69	中野のテスト結果です。
92	63	89	高円寺のテスト結果です。
71	57	63	阿佐ヶ谷のテスト結果です。
85	97	94	荻窪のテスト結果です。
48	44	57	吉祥寺のテスト結果です。

図6-7-1　プロパティには「〇〇のテスト結果です」と表示される

　これを入力し「完了」すると、各データに「〇〇のテスト結果です。」と表示されるようになります。ここではconcat関数を使いましたが、+演算子を使って書く

こともできます。この場合、こんな式になるでしょう。

リスト6-7-2

```
01  prop("名前") + "のテスト結果です。"
```

　+を使ったほうがすっきりとわかりやすくなりますね。ただ、Notionの数式では、「関数の中に関数」といった具合に複数の関数を組み合わせることも多いので、こうした場合はあえて+を使わずconcatを使ったほうが見やすく整理できる場合もあります。できれば両方使えるようにしておきたいですね。

format関数で数値をテキストに変換

　「名前」プロパティはテキストの値でしたから+演算子やconcatで簡単につなげられました。では、「成績」データベースに用意されている「国語」「数学」「英語」といったプロパティの値はどうでしょうか。
　これらのプロパティの値は、prop("名前")の値を1つにつなげたのと同じやり方ではうまくいきません。なぜなら、「国語」「数学」「英語」といったプロパティの値は、テキストではなく「数値」だからです。+演算子やconcatは「複数のテキストを1つにつなげる」というものです。引数に指定する値は、すべてテキストでなければいけません。
　では、数値のプロパティを1つにつなげることはできないのか？　いいえ、もちろんできます。数値の値で問題があるなら、テキストに変換すればいいのです。
　数値の値は、「format」という関数を使ってテキストに変換できます。

```
01  format( 数値 )
```

　これで、数値をテキストとして取り出すことができます。このformatという関数は、値をテキストに変換するためのものです。引数には、数値だけでなく、真偽値やその他の値（後ほど出てくる日時の値など）を指定します。
　このformatでテキストに変換した値をつなげれば、数値のプロパティもテキストにまとめることができます。

合計を計算して表示する

　では、実際にformatを利用した利用例を挙げておきましょう。関数プロパティの数式に以下を記述して下さい。

```
01  "合計は、" +  format(prop("国語") + prop("数学") + prop("英語")) + "点です。
    "
```

リスト6-7-4——※concat利用の場合

```
01  concat("合計は、", format(prop("国語") + prop("数学") + prop("英語")), "点
    です。")
```

# 国語	# 数字	# 英語	Σ プロパティ	+
73	85	69	合計は、227点です。	
92	63	89	合計は、244点です。	
71	57	63	合計は、191点です。	
85	97	94	合計は、276点です。	
48	44	57	合計は、149点です。	

図6-7-2　3教科の合計を計算しテキストで表示する

　これで、国語・数学・英語の3教科の合計を「合計は、〇〇です。」というテキストにして表示します。

　ここでは、以下の3つのテキストを用意しています。

```
"合計は、"
format(prop("国語") + prop("数学") + prop("英語"))
"点です。"
```

　真ん中のformat関数では、引数に「prop("国語") + prop("数学") + prop("英語")」という式が用意されていますね。これで3教科の合計が引数として指定されます。それをformatでテキストに変換し、他のテキストとつなげて表示していたというわけです。

> **数値に変換するには？**
> 　formatを使えば、数値をテキストに変換できます。では、逆にテキストを数値に変換するにはどうすればいいでしょう？　例えば、"123"というテキストを123という数値として扱うような場合ですね。
> 　このようなときは「toNumber」という関数を使うことができます。これは、さまざまな値を数値に変換するものです。formatと合わせて覚えておくと便利ですよ。
>
> ```
> 01  toNumber( 値 )
> ```

08 条件によって表示を変える

　真偽値は比較演算子を使うことでチェックボックスとして結果を表示できました。しかし、チェックボックスではなく、もっと別の形で値を表示したい場合もあるでしょう。

　Notionの関数には、真偽値を元に表示する値を設定する「三項演算子」というものが用意されています。これは、以下のような形をしています。

[書式] 三項演算子

```
01  真偽値 ?《trueの値》:《falseの値》
```

　三項演算子は、3つの要素でできています。最初に真偽値の式などがあり、この値がtrueだった場合は?の後にある値が取り出されます。そしてfalseだった場合は、:の後にある値が取り出されます。このように、最初の真偽値の結果次第で取り出す値が変わるのが三項演算子の特徴です。

　では、実際に使ってみることにしましょう。関数プロパティの数式を以下のように書き換えてみて下さい。

リスト6-8-1

```
01  prop("数学") >= 50 ? "★合格★" : "追試です"
```

# 国語	# 数学	# 英語	Σ プロパティ	+
73	85	69	★合格★	
92	63	89	★合格★	
71	49	63	追試です	
85	97	94	★合格★	
48	38	57	追試です	

図6-8-1　数学の点数が50点以上なら「★合格★」、それ未満なら「追試です」と表示される

　ここでは「数学」の値をチェックし、50点以上なら「★合格★」と表示されます。50点未満だと、「追試です」と表示されます。

　ここでは、最初に「prop("数学") >= 50」というようにして真偽値の式が用意されています。これで、「数学」の値が50以上かどうかを調べているわけです。そして結果がtrueなら（つまり50以上なら）、?の後にある"★合格★"が表示され、falseならば:の後にある"追試です"が表示される、というわけです。

三項演算子は３つの値が必要なので難しく見えますが、慣れてしまえば簡単に書けるようになります。サンプルの式やテキストを書き換えて試してみましょう。

if関数について

　こうした「真偽値によって異なる結果になる」というものは、もう１つあります。それは「if」という関数です。これは以下のように記述します。

［書式］if ― 条件によって処理を変更する

```
01  if( 真偽値 ,《true時の値》,《false時の値》)
```

　見たところ、三項演算子と似ているように見えるかもしれません。　実は、そうなんです。このIf関数は、三項演算子と全く同じ働きをします。例えば、先ほど作成したサンプルをIf関数に置き換えると、このようになります。

リスト6-8-2

```
01  if(prop("数学") >= 50, "★合格★", "追試です")
```

　働きは全く変わりありません。こちらは関数の形になっているというだけです。三項演算子は記号だけで記述するので、ぱっと見には働きがわかりにくいところがあります。if関数は、ifという関数の形になっているので、関数に慣れてしまえばこちらのほうがわかりやすいかもしれません。
　働きは全く同じなので、どちらでも使いやすい方を覚えておけばいいでしょう。

演算子はすべて関数？
　ここでは、三項演算子はifという関数としても用意されていると述べました。が、実をいえば、三項演算子だけでなく、Notionの数式で利用できる演算子はすべて関数としても用意されているのです。例えば四則演算だけ見ても、このようになっています。

　・ + → add
　・ - → subtract
　・ * → multiply
　・ / → divide

　比較演算子もすべて関数が用意されています。ただ関数というのは()に引数を用意するため、複雑な式になると()だらけになってしまい非常にわかりにくくなります。そこで、こうした多用される演算子についてはすべて演算記号でも書けるようになっているのですね。

---

09 数値関係の関数

数式でもっとも多用される値は「数値」でしょう。Notionには、数値を利用する関数が多数用意されています。ここでまとめておきましょう。

数値関係の関数

値	概要
abs(値)	引数の絶対値を得る
cbrt(値)	引数の立方根を得る
ceil(値)	実数を切り上げた値を得る
exp(値)	e（ネイピア数）のx乗を得る
floor(値)	実数を切り捨てた値を得る
ln(値)	引数の自然対数を得る
log10(値)	10を底とする対数を得る
log2(値)	2を底とする対数を得る
max(値1, 値2,……)	引数の中から最大値を得る
min(値, 値2,……)	引数の中から最小値を得る
round(値)	実数を丸める
sign(値)	値が正なら1、負なら-1、ゼロなら0を得る
sqrt(値)	引数の平方根を得る

　この他、すでに述べましたが四則演算やべき乗、割り算剰余などの関数も用意されています。ちょっとした計算ならこれで十分行えるでしょう。

10 テキスト関係の関数

　続いて、テキスト関係の関数です。これもいくつか用意されています。順に使い方を説明していきましょう。

[書式] テキストを1つにつなげるconcat

```
01  concat(値1, 値2, ……)
```

[書式] 文字数を得るlength

```
01  length(値)
```

　concatは、すでに説明しましたね。複数のテキストを1つにつなげるものでした。lengthは、引数に用意したテキストの長さ（文字数）を調べるものです。
　では、lengthを利用した例を挙げておきましょう。サンプルとして、「名前」プロパティの文字数を表示させてみます。

リスト6-10-1

```
01  format(length(prop("名前"))) + " 文字"
```

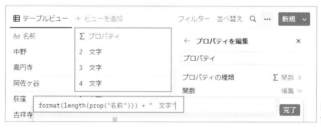

図6-10-1　「名前」の値の文字数を表示する

　これで、「○文字」というように名前の文字数を表示します。length関数は、結果が数値になります（文字数なので）。したがって、「○文字」というように表示したければ、その結果をさらにformatでテキストにする必要があります。関数を使うときは、「その関数の結果は、どういう種類の値なのか」を考えて利用しましょう。

💡 値を指定文字でつなげる

　複数のテキストをつなげるには concat 関数が用意されていますが、これとは別に「join」という関数もあります。これはテキストを接続文字でつなげるものです。

```
01  join(接続文字, 値1, 値2, ……)
```

　これは、ちょっと働きがわかりにくいかもしれません。この関数は、第1引数のテキストを間に挟んで、それ以降のテキストをつないでいきます。("-","A","B")と引数が用意されていれば、得られる値は "A-B" となるわけです。
　では、これも利用例を挙げておきましょう。

リスト6-10-2

```
01  join(" / ", format(prop("国語")), format(prop("数学")), format(prop("英
    語")))
```

図6-10-2　国語・数学・英語の値をスラッシュ記号でつなげて表示する

　ここでは、国語・数学・英語の各値をスラッシュでつなげ、「〇〇 / 〇〇 / 〇〇」といった形で表示させています。ここでの join の引数を見ると、このようになっているのがわかるでしょう。

```
01  join(" / ", 国語, 数学, 英語)
```

　各教科の値は数値なので、prop で取り出したものを format でテキストにしています。このため複雑そうに見えますが、やっていることは要するに「各教科の値をテキストで取り出す」というだけです。
　prop や format は頻繁に使うものなので、早く使い方に慣れておきましょう。そして、format(prop(……)) とあったら、「ああ、このプロパティをテキストで取り出しているんだな」とすぐにわかるようになりましょう。

テキストから一部分だけを取り出す

　テキストの操作でもっとも重要なのが、「テキストの一部分だけを抜き出す」というものです。これを行うための関数が「slice」です。これは以下のような形をしています。

[書式] 値の一部を取り出す slice

```
01  slice( 対象テキスト, 開始, 終了 )
```

　このsliceは、第1引数にテキストを指定し、第2、第3引数に取り出す範囲の開始位置と終了位置を指定します。位置は、テキストの冒頭がゼロになり、1文字目の後ろが1、2文字目の後ろが2、……というように割り振られます。なお終了位置は省略することもできます。この場合は、指定した位置からテキストの最後までが取り出されます。
　では、これも実際の利用例を挙げておきましょう。

リスト6-10-3

```
01  slice(prop("名前"), 0, 1) + "〜" + slice(prop("名前"), length(prop("名前
    ")) - 1, length(prop("名前")))
```

　ここでは名前の最初と最後の文字を取り出して「○〜○」という形で表示をします。例えば「武者小路」なら「武〜路」と表示をします。
　ここでは、最初の文字と最後の文字を以下のようにして取り出しています。

図6-10-3　名前の1文字目と最後の文字を取り出し、「○〜○」という形で表示する

最初の文字を取り出す

```
01  slice(prop("名前"), 0, 1)
```

最後の文字を取り出す

```
01  slice(prop("名前"), length(prop("名前")) - 1, length(prop("名前")))
```

最初の文字はわかるでしょう。位置にゼロと1を指定すれば1文字目が取り出されますね。面倒なのは、最後の文字の取り出し方です。テキストの文字数はlength関数で得られますから、「文字数 - 1」から「文字数」までを取り出せば、最後の文字が取り出せます。

💡 テキストを置換する

続いて、テキストの置換です。これは2つの関数が用意されています。「replace」と「replaceAll」というものです。

[書式] 最初に検索したテキストを置換する

```
01  replace(対象テキスト，検索テキスト，置換テキスト)
```

[書式] すべてのテキストを置換する

```
01  replaceAll(対象テキスト，検索テキスト，置換テキスト)
```

どちらも対象となるテキストから検索テキストを探し、置換テキストに置き換えるという働きは同じです。replaceは検索した最初のテキストだけを置換し、replaceAllはすべての検索テキストを置換します。

では、簡単な利用例を挙げておきましょう。

リスト6-10-4

```
01  replaceAll(prop("名前"),"寺","神社")
```

Aa 名前	Σ プロパティ	≔ タグ	# 国語
中野	中野		73
高円寺	高円神社		92
阿佐ヶ谷	阿佐ヶ谷		71
荻窪	荻窪		85
吉祥寺	吉祥神社		48
+ 新規	replaceAll(prop("名前"),"寺","神社")		

図6-10-4　名前から「寺」を「神社」に置換する

これは、名前のテキストから「寺」という文字を探し、すべて「神社」に置換するという例です。ごく単純なものですが、replaceAllによる置換がどのようなものかわかるでしょう。

算用数字を漢数字に変換

このreplace/replaceAllを使えば、テキストの表示をさまざまに操作できるようになります。もう少し複雑な例として、「3教科の合計を漢数字で表示する」というサンプルを挙げておきましょう。

リスト6-10-5

```
01  replaceAll(replaceAll(replaceAll(replaceAll(replaceAll(replaceAll(replac
    eAll(replaceAll(replaceAll(replaceAll(format(prop("国語")+prop("英語
    ")+prop("数学")), "1", "一"),"2","二"),"3","三"),"4","四"),"5","五
    "),"6","六"),"7","七"),"8","八"),"9","九"),"0","〇")
```

図6-10-5　合計点数を漢数字で表示する

非常に長い式ですが、やっていることは実はそれほど複雑ではありません。3教科の値を合計してformatでテキストに変換し、そこから数字を漢数字に置換しているだけです。置換は、すべての数字を1つ1つ漢数字に置き換えているだけで、replaceAllが10個用意されているのがわかるでしょう。

1を「一」に置換

```
01  replaceAll(テキスト), "1", "一")
```

さらに2を「二」に置換

```
01  replaceAll( replaceAll(テキスト), "1", "一") , "2","二")
```

さらに3を「三」に置換

```
01  replaceAll( replaceAll( replaceAll(テキスト), "1", "一") , "2","二")
    ,"3","三")

    ……以下略……
```

わかりますか？　1を「一」に置換し、その結果からさらに2を「二」に置換し、

その結果からさらに3を……という具合にreplaceAllをひたすら入れ子状態にして実行しているのですね。こんな具合に、「replaceAllの引数にreplaceAllを用意し、その引数にreplaceAllを……」と記述していくことで、複数の置換を一度にまとめて行うことができます。

検索テキストには「正規表現」も使える

replace/replaceAllでは、検索テキストを指定するのに「正規表現」というものが使えます。正規表現は、検索する文字の並びを「パターン」と呼ばれるものを使って表す技術で、これを使うことで特定のパターンに合うものを検索できるようになります。

例えば「テキストから数字だけを検索する」とか「メールアドレスを検索する」「URLを検索する」というようなことも正規表現を使えば可能になります。

正規表現はNotionに限らず、多くのプログラミング言語で採用されている技術です。興味のある人は別途学習してみて下さい。

11 日付の関数

　テキストや数値は、値やその扱い方もなんとなくイメージができるでしょう。しかし、値の中には、そうした操作がイメージしにくいものもあります。それは「日時」の値です。Notionでは、日時を扱うための値が用意されています。プロパティで日時の値を使ったり、関数を利用して日時の値を利用することができるようになっているのですね。

　まずは、様々な日時の値を得るための関数からまとめておきましょう。

現在の日時を得る

```
01  now()
```

　基本は、これです。このnow関数は、呼び出された時点での日時の値を得るものです。現在の日時を扱うときはこの関数を利用します。

図6-11-1　now関数では、現在の日時が得られる

日時のタイムスタンプを得る

```
01  timestamp( 日時の値 )
```

タイムスタンプから日時を得る

```
01  fromTimestamp( タイムスタンプ )
```

　「タイムスタンプ」というのは、1970年1月1日開始時からの経過秒数を示す値です。日時を数字として扱うようなときに役立ちます。Notionには、このタイムスタンプから日時を得たり、日時からタイムスタンプを得る関数が用意されています。

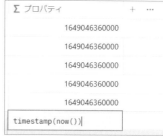

図6-11-2　現在の日時をタイムスタンプとして取り出したところ

日時範囲の開始／終了を得る

```
01  start( 日時の値 )
02  end( 日時の値 )
```

　Notionのプロパティでは、日時を扱う場合、1つの値だけでなく「○年○月○日〜○月○日」というように日時の範囲を値として扱うこともあります。このようなときに、開始の日時や終了の日時を得るのに使われるのがstartとendです。

💡 日時をフォーマットする

　日時の値は、そのままプロパティに表示させることもできますが、決まった形式にフォーマットして表示させることもできます。それを行うのが「formatDate」関数です。

［書式］フォーマットしたテキストを得る

```
01  formatDate( 日時の値 , フォーマットパターン )
```

　この関数では、フォーマットパターンというテキストを用意することで、決まった形式で日時のテキストを作成できます。フォーマットパターンは、以下のような記号を組み合わせて作成します。

formatDateのパターン

記号	概要
Y	年の値
M	月の値
D	日の値
H	時の値
m	分の値

これらは、同じ記号を複数並べることで表示する桁数を指定できます。例えば、YYYYとすれば年の値を4桁表示で得られます。

　では、実際の利用例を挙げておきましょう。

リスト6-11-1

```
01  formatDate(now(), "YYYY年 MM月 DD日")
```

　これは、現在の日付を「○○○○年○○月○○日」という形式で表示するものです。

　formatDateでnow関数の値を"YYYY年 MM月 DD日"というパターンで表示しています。パターンの基本となる記号さえ覚えていれば、割と簡単にパターンを作成できることがわかります。

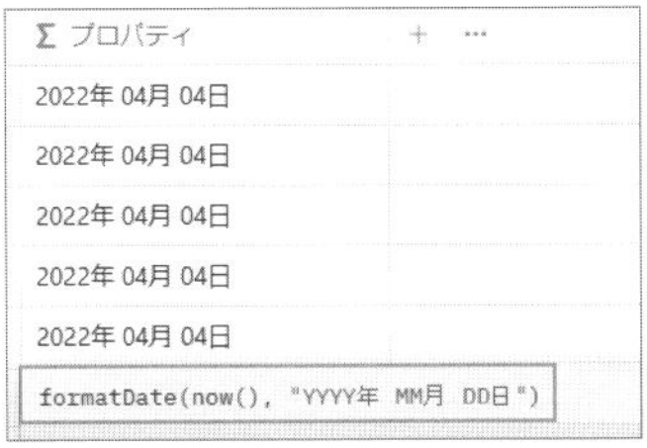

Σ プロパティ	+ ···
2022年 04月 04日	
2022年 04月 04日	
2022年 04月 04日	
2022年 04月 04日	
2022年 04月 04日	
formatDate(now(), "YYYY年 MM月 DD日")	

図6-11-3　現在の日付を表示する

日時の値は「分」まで！
　日時の値は、多くのプログラミング言語やマクロなどで利用されていますが、Notionではその他のものと決定的な違いがあります。それは、「扱える値が、『分』まで」という点です。Notionでは、秒やミリ秒の値は扱えません。タイムスタンプなどを使ってこれらの値を細かく指定しても、分より細かい値（秒、ミリ秒）は省略されます。

💡 日時の計算

　日時というのは、単に指定した値を表示するだけでなく、計算を行うこともできます。例えば、「今日から100日後は何月何日？」といったことを計算で調べることができるようになっているのです。

　まずは、日時への加算減算からです。

[書式] 日時に加算／減算する

```
01  dateAdd( 日時の値 , 数値 , 単位 )
02  dateSubtract( 日時の値 , 数値 , 単位 )
```

　これは、用意した日時に指定した単位の値を足したり引いたりして新しい日時を得るためのものです。第1引数には元になる日時の値を指定し、第2引数には数値、第3引数には単位となるテキストを指定します。単位となるテキストは、以下のいずれかを使います。

単位となるテキスト

```
years, quarters, months, weeks, days, hours, minutes, seconds, milliseconds
```

例えば、「今日から100日後」ならば、dateAdd(now(), 100, "days")というようにすればいいわけですね。

💡 生まれてから1万日後

では、実際に日付を使った簡単な計算をしてみましょう。これには、まず日時の値を扱うプロパティを用意する必要があります。テーブルのプロパティ名右側にある「+」をクリックして新しいプロパティを追加して下さい。名前は「生年月日」とし、プロパティの種類を「日付」にしておきます。

プロパティを追加したら、それぞれのデータに生年月日を設定しておきましょう。

図6-11-4 新たに「生年月日」のプロパティを追加する

では、この「生年月日」プロパティを利用し、「生まれてから1万日後」はいつか計算してみます。関数プロパティの数式を以下のように設定して下さい。

リスト6-11-2

```
01  formatDate(dateAdd(prop("生年月日"), 10000, "days"), "YYYY年 MM月 DD日")
```

📅 生年月日	∑ プロパティ
2012年1月23日	2039年 06月 10日
2010年3月4日	2037年 07月 20日
2014年6月7日	2041年 10月 23日
1999年10月12日	2027年 02月 27日
2020年12月24日	2048年 05月 11日

formatDate(dateAdd(prop("生年月日"), 10000, "days"), "YYYY年 MM月 DD日") 完了

図6-11-5 生年月日から1万日後の日付を表示する

ここでは、dateAddを使い、(prop("生年月日"), 10000, "days")という
ように引数を指定してあります。そして得られた値は、formatDateを使ってフォー
マットし表示しています。

日付の間隔を計算する

日時の計算には、もう1つ「2つの日時の間はどれだけあるか」というものもあ
ります。これも専用の関数が用意されています。

[書式] 日時の間隔を調べる

```
01  dateBetween( 日時の値1, 日時の値2, 単位 )
```

第1、第2引数にはそれぞれ調べる日時の値を指定します。これは、第1引数の
ほうが大きい値（より新しい値）にしておきます。そして第3引数には、単位とな
るテキストを指定します。では、先ほど作成した「生年月日」のプロパティから、
「現在、何歳か」を計算してみましょう。

リスト6-11-3

```
01  format(dateBetween(now(), prop("生年月日"), "years"))+"歳"
```

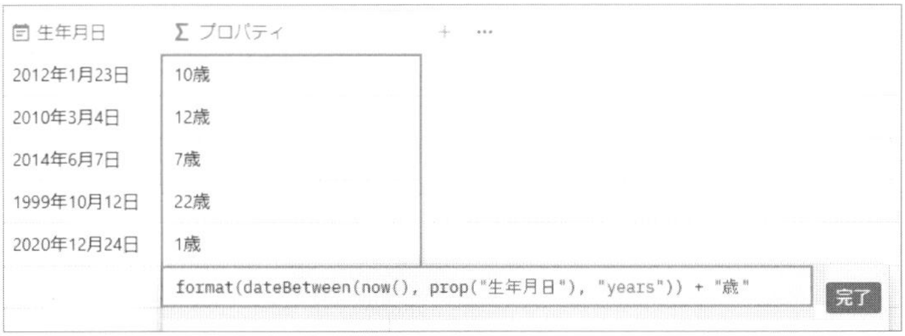

図6-11-6　現在何歳かを計算して表示する

ここではdateBetween関数を使い、(now(), prop("生年月日"), "years")
と引数を指定して、生年月日の日付から今日までの間隔を年単位に換算した値を計
算しています。そして得られた値（数値）をformatでテキストに変換し、「〇〇
歳」という形にして表示をしています。
このように、「日時の加算減算」と「日時の間隔」の2種類の計算をマスターすれ
ば、日時に関する基本的な計算はだいたい行えるようになります。

12 関数の処理は「行」単位で考える

以上、このChapterでは関数の利用について説明をしました。Notionにはさまざまな関数が用意されていることがわかったことでしょう。ただし関数の種類は、例えばExcelなどスプレッドシートに用意されているものなどに比べるとまだまだ圧倒的に少ないといえます。したがって、スプレッドシートの関数などに慣れた人からすれば、「できないことが多いな」と感じるかもしれません。

Notionではテーブルなどのビューも用意されているため、感覚的にスプレッドシートのようなものを使っているように感じる場合もあるでしょう。しかし実際は「データベース」としてデータを扱っています。テーブルの表示も、1行1行がデータとしてデータベースに保管されています。この点が一般的なスプレッドシートなどと大きく異なる点でしょう。

行単位でデータが完結しているため、Excelなどスプレッドシートのように自由な計算処理は行えません。テーブルビューの表示などを見ると「スプレッドシートと同じ」に見えますが、データベースですから行単位でしか計算処理はできないのです。

Notionでデータを計算処理する場合には、この「行単位で処理する」という考え方をきっちり頭に入れておいて下さい。例えば「各プロパティのデータを集計処理する」といったことは、関数を使っても行えません。できるのは、あくまで「各行のデータの処理」だけなのです。

Chapter 7

APIを利用しよう

この章のポイント
- ・Notion APIにアクセスするために必要な事柄を整理しましょう。
- ・UrlFetchApp.fetchを使った外部アクセスの基本をマスターしましょう。
- ・Google Apps Scriptでシートとレンジを利用できるようになりましょう

01 Notionの外部利用について

　ここまでのChapterで、Notionは思った以上に本格的なデータベース機能を持っており、さまざまなデータを扱うことができる、ということがわかりました。こうした本格的なデータベースをWebベースで利用できる環境というのはなかなかありません。

　この機能を外部からも利用することができれば、Notionは個人ユースの「どこからでも利用できるデータベース」としてさまざまな活用ができるようになるでしょう。これは、特にWebやアプリの開発を行うような人にとっては非常に重要な意味を持ちます。

　例えば、Webサイトを作成するとき、サーバーからNotionにアクセスしてデータを取得できたら、わざわざデータベースを設置する必要もなくなります。またアプリ内からアクセスできれば、本格的なデータを活用したアプリの開発も可能になるでしょう。

　「でも、そんなことできるのだろうか？」と思った人。実は、できるのです。

　Notionは、外部からNotionのサービスにアクセスするためのAPIを作成し、公開しています。Notionのアカウントを持っている人なら、誰でもAPIを利用して外部から自分のデータにアクセスすることができるのです。

Notionインテグレートについて

　Notion APIを利用するためには、「インテグレーション」というものを作成する必要があります。

　インテグレーションとは、Notion APIを利用し、外部サービスとの統合を行うためのものです。例えばGoogleドライブやSlackなどのインテグレーションを追加すると、これらと連携して、Notion内からこれらのサービスにアクセスできるようになります。さまざまな外部サービスと連携し、Notionの機能を拡張するために用意されているのがインテグレーションです。

　このインテグレーションは、自分で作成することができます。独自のインテグレーションを用意し、それを利用して外部からNotion APIの機能を呼び出すことでNotionのデータとやり取りできるようになるのです。

🔆 インテグレーションを作成する

　では、実際にNotion APIを利用して外部からアクセスを行えるようにしましょう。そのためには、インテグレーションを作成する必要があります。これは、以下のアドレスにアクセスして行います。

https://www.notion.so/my-integrations

図7-1-1　インテグレーションの管理ページにアクセスする

　これは、インテグレーションの管理ページです。ここで、自分で開発するためのインテグレーションを作成や編集を行います。

　では、画面に表示されている「新しいインテグレーションを作成する」というエリアをクリックして下さい。インテグレーションを登録するための入力フォームが画面に現れます。ここで必要に応じて情報を入力していきます（図7-1-2）。

❶名前	インテグレーションの名前です。自分でよく分かるように名前を入力して下さい
❷ロゴ	インテグレーションにロゴを設定するのに使います。画像をアップロードすると、それがロゴとして表示されます。これは特に必要ないなら設定しなくてかまいません
❸関連ワークスペース	アクセスするワークスペースを指定します。これは自分が管理しているワークスペースでなければいけません。ここでは、必ず「パーソナルプランのワークスペース」を指定して下さい
❹機能	コンテンツへのアクセス権限を指定します。「読み取る」「更新」「挿入」のすべてのチェックをONにしておきましょう
❺ユーザー機能	ユーザー情報に関する指定です。「メールアドレスを含むユーザー情報を読み取る」を指定します

これらを一通り設定したら、一番下に「送信」というボタンがあるのでこれをクリックしましょう。フォームが閉じられ、「私のインテグレーション」に作成したインテグレーションが表示されます。

なお、「関連ワークスペース」のところで触れたように、インテグレーションで利用するワークスペースは、パーソナルプランのものを使って下さい。チームプランを利用している人は、新しいワークスペースをパーソナルプランで作成し、インテグレーションに指定して下さい。

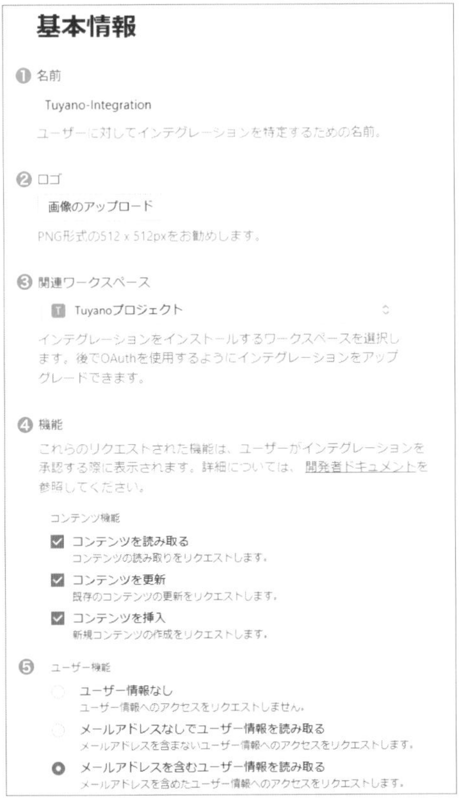

基本情報

① 名前

    Tuyano-Integration

    ユーザーに対してインテグレーションを特定するための名前。

② ロゴ

    画像のアップロード

    PNG形式の512 x 512pxをお勧めします。

③ 関連ワークスペース

    ☐ Tuyanoプロジェクト

    インテグレーションをインストールするワークスペースを選択します。後でOAuthを使用するようにインテグレーションをアップグレードできます。

④ 機能

    これらのリクエストされた機能は、ユーザーがインテグレーションを承認する際に表示されます。詳細については、開発者ドキュメントを参照してください。

    コンテンツ機能

    ☑ コンテンツを読み取る
      コンテンツの読み取りをリクエストします。

    ☑ コンテンツを更新
      既存のコンテンツの更新をリクエストします。

    ☑ コンテンツを挿入
      新規コンテンツの作成をリクエストします。

⑤ ユーザー機能

    ○ ユーザー情報なし
      ユーザー情報へのアクセスをリクエストしません。

    ○ メールアドレスなしでユーザー情報を読み取る
      メールアドレスを含まないユーザー情報へのアクセスをリクエストします。

    ◉ メールアドレスを含むユーザー情報を読み取る
      メールアドレスを含めたユーザー情報へのアクセスをリクエストします。

図7-1-2　インテグレーションの設定画面

図7-1-3　作成したインテグレーションが追加される

02 作成されたインテグレーション

では、作成されたインテグレーションをクリックし、その内容を確認しましょう。ここには、作成時に入力した情報の他にも重要なものが用意されています。

●シークレット

インテグレーションの最初のところには、「シークレット」という項目が用意されています（図7-2-1）。これは、APIにアクセスする際に必要となる「シークレットトークン」と呼ばれる値です。

「トークン」というところには、パスワードの入力と同じようにドットでテキストが記述されています。その右側にある「表示」をクリックすると、シークレットトークンのテキストが表示されます。そのまま「コピー」をクリックすると、シークレットトークンのテキストをコピーできます。

このシークレットトークンは、外部からアクセスしデータを操作する際に必要となるものなので、絶対に他人に知られないよう厳重に管理して下さい。万が一、漏洩してしまった場合は、そのインテグレーションを破棄し、新たにインテグレーションを作成し直して下さい。

図7-2-1　シークレットにはアクセスに必要なシークレットトークンが用意されている

●インテグレーションの種類

基本情報には、名前、ロゴの下に「インテグレーションの種類」という項目が追加されています。これは、インテグレーションをプライベート（自分だけ）にするか、公開して誰でも利用できるようにするかを指定するものです。

公開した場合、第三者が自由に利用できるようになるため、必ず「内部インテグレーション」を選んでおいて下さい（図7-2-2）。

Chapter 7

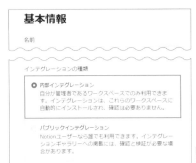

図7-2-2　インテグレーションの種類は「内部インテグレーション」を選ぶ

ワークスペースをインテグレーションに共有する

　インテグレーションができたら、ワークスペースの共有先にインテグレーションを追加しましょう。ワークスペース右上の「共有」リンクをクリックし、現れたパネルから「招待」のフィールドかボタンをクリックします。

　画面に招待するユーザーの一覧が表示されます。この中に、作成したインテグレーションが表示されます。これをクリックして「招待」ボタンを押すと、インテグレーションがワークスペースの共有相手として追加されます。これにより、インテグレーションからワークスペースにアクセスが行えるようになります。

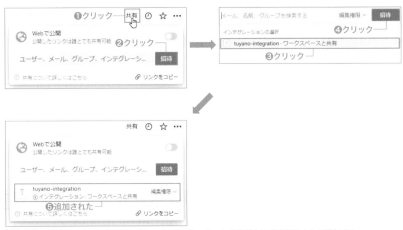

図7-2-3　「共有」をクリックし、作成したインテグレーションを招待して共有相手として追加する

03 Googleスプレッドシートを作成する

　これでインテグレーションは用意できました。では、自分でプログラムを作成し、Notion APIを使ってデータにアクセスしてみましょう。

　そのためには、まず「プログラムを作成し実行する」環境が必要です。Notion APIの利用は、さまざまなプログラミング言語から行えますが、誰でも環境を用意し利用できるものとして「Google Apps Script」を利用することにしましょう。

　Google Apps Scriptは、Googleが提供するサーバーサイドスクリプト環境です。JavaScriptをベースに作られており、Google関連サービスのためのライブラリが追加されていて、GoogleのWebサービス（Gmailやスプレッドシートなど）にアクセスしてさまざまな処理をすることができます。

　今回は、Googleスプレッドシートのファイルを作成し、その中からGoogle Apps Scriptを使ってNotion APIにアクセスすることにします。まずは、Googleスプレッドシートのファイルを作成しましょう。以下にアクセスして下さい。

https://sheet.new

　アクセスすると、新しいGoogleスプレッドシートのファイルが作られます。そのままわかりやすい名前にファイル名を変更しておきましょう（図7-3-1）。

図7-3-1　新しいスプレッドシートを作成し、ファイル名を設定する

> **作ったファイルはどこにある？**
>
> 　新しいGoogleスプレッドシートのファイルを作成しましたが、これはどこに保管されているのでしょうか。
>
> 　それは、Googleドライブです。Googleドライブのサイト（https://drive.google.com/）にアクセスすると、ドライブの中に作成したスプレッドシートファイルが保管されているがわかるでしょう。Google Apps Scriptのファイルも、やはりGoogleドライブに保存されます。
>
> 　あるいは、Googleスプレッドシートのサイト（https://docs.google.com/spreadsheets）にアクセスしても、作ったファイルがまとめられています。ここからファイルを開くこともできますよ。

Chapter 7

💡 Google Apps Scriptエディターを開く

スプレッドシートからGoogle Apps Scriptを利用できるようにしましょう。「拡張機能」メニューから「Apps Script」を選んで下さい。これでGoogle Apps Scriptの専用エディターが開きます。

図7-3-2 「Apps Script」メニューを選ぶ

💡 Apps Scriptエディターについて

開かれたエディターは、上部に「Apps Script」と表示され、その右側にプロジェクト名が表示されます。ここをクリックし、適当な名前を設定しておきましょう（図7-3-3）。

その下を見ると、左端にいくつかのアイコンが縦に並んでいます。デフォルトでは上から2つ目のアイコンが選択されています。これが「エディター」アイコンで、プロジェクトのファイル類がその右側に表示され、そこからファイルを選択して編集できるようになっています。

デフォルトでは、「コード.gs」というファイルが作成されています。これがGoogle Apps Scriptのファイルです。このファイルの内容が、右側のエディターエリアに表示されています。このエリアに直接コードを記述してスクリプトを作成し、実行できます。

図7-3-3 Apps Scriptエディター

04 スクリプトを作成しよう

　では、エディターでスクリプトを書いて動かしてみましょう。デフォルトでは、コード.gsには以下のようなテキストが書かれています。

リスト7-4-1

```
01  function myFunction() {
02
03  }
```

　これはJavaScriptの関数を定義するものです。Google Apps Scriptの文法はJavaScriptと同じものですから、基本的にはJavaScriptのスクリプトのつもりで書いていけばいいのです。
　では、このスクリプトを以下のように書き換えてみて下さい。

リスト7-4-2

```
01  function myFunction() {
02    console.log('Hello!');
03  }
```

　編集したら、[Ctrl] + [S] キーでファイルを保存しましょう。保存すると、上部のバーにある「デバッグ」という表示の右側に「myFunction」と表示されます。これは、ファイルに記述されている関数のメニューで、ここから実行したい関数を選び、「実行」をクリックすれば、その関数がその場で実行されます（図7-4-1）。
　ここでは「myFunction」という関数だけが書かれていますから、これがデフォルトで選ばれています。

図7-4-1　myFunction関数を記述し、ファイルを保存する

では、エディター上部の「実行」をクリックしましょう。スクリプトがその場で実行されます。エディター下部に「実行ログ」という表示が現れ、そこに「情報」という項目で「Hello!」とテキストが表示されるでしょう（図7-4-2）。これが、myFunction関数の実行結果です。ここでは、Hello!というテキストを実行ログに出力していたのですね。

　Google Apps Scriptでは、このように関数を定義して実行する処理を記述し、「実行」をクリックして動かします。Google Apps Scriptを初めて使う人は、エディターの編集とスクリプトの実行に慣れておきましょう。

　なお、ここではGoogle Apps Scriptの詳細については説明しません。Google Apps Scriptは、Googleのサービスを自動化する本格的なプログラミング環境です。興味のある人は別途学習して下さい。

実行ログ		
12:12:42	お知らせ	実行開始
12:12:41	情報	Hello!
12:12:42	お知らせ	実行完了

図7-4-2　実行ログに「Hello!」と表示される

05 Notionのデータについて

　実際にアクセスを行う前に、そもそもNotionのデータというのはどのような構造になっているのか、その概要を頭に入れておきましょう。

　Notionのデータは、整理すると３つの部品の組み合わせで構成されています。それは「データベース」「ページ」「ブロック」です。

データベース

　すでに何度も利用しましたね。多数のデータを保管し管理するものです。これ自体にはデータは保管されておらず、データベースの中に具体的なデータの部品がまとめられています。

ページ

　Notionのデータの基本となるものです。私たちが普段、Notionで作成しているページもこれですが、ただしページの中に追加しているコンテンツ類は、実はページには含まれません。ページは、コンテンツの入れ物のようなものであり、タイトルやプロパティといった情報が保管されています。

　私たちが作っているページの他、データベースの中に保管されるデータも、すべてページとして保存されています。

ブロック

　ページの中に追加されているコンテンツです。ページでは、「/」キーのメニューを使ってさまざまなコンテンツを追加できますが、それらはすべてブロックとしてページにはめ込まれています。

💡 データベース、ページ、ブロックの組み込み状態

　Notionのデータを構成するこの３つの要素がどのように組み込まれているのか、よく理解しておく必要があります。

　Notionではそれぞれのアカウントごとにワークスペースが用意されており、その中にページやデータベースが作成されていきます。ページ内にあるコンテンツは、データベースとブロックのいずれかです。テキストや各種のメディアなどはすべてブロックとして組み込まれています。そしてテーブルなどのビューを使ってデータを管理するものはデータベースとして組み込まれます。

データベースのデータは、すべてページとして組み込まれています。各データは、ページのプロパティとして保管されています。ページですから、場合によってはその中にさらにブロックが追加されることもあります。

　このように Notion のデータは、データベース、ページ、ブロックの3つが必要に応じて組み込まれる形で構成されているのです。この基本的な構造をよく頭に入れておいて下さい。

図7-5-1　Notionのデータ構造。ワークスペースの中にページやデータベースがある。ページの中にはブロックがある。データベースの中には各データがページとして保管されている

06 Notion APIへのアクセス

では、Notion APIにどのようにアクセスするのか、説明しましょう。Notion API
へのアクセスは、大きく2つの方法があります。

1つは、専用のライブラリを利用する方法です。これはNotion公式ではNode.
js用のライブラリが用意されています。その他、Python用などのライブラリが流
通しています。こうしたライブラリをインストールし、そこにある機能を利用する
ことでNotion APIにアクセスできます。

もう1つは、指定のURLに必要な情報を付加してアクセスする方法です。Notion
のページやデータベースにはそれぞれ固有のIDが割り振られており、特定のURL
にアクセスすることでその情報を取得したり更新できるようになっています。プログ
ラミング言語には、たいていHTTPアクセスするための機能が備わっていますの
で、それを使って指定URLにアクセスしてNotionのデータを操作します。

専用ライブラリを使った方法は、Node.jsやPythonなどの言語とその開発環境
が必要になります。まずは、URLアクセスによる方法から使ってみましょう。

💡 アクセスURLについて

URLを指定してアクセスする場合、ページ・データベース・ブロックでそれぞれ
アクセスするURLが決まっています。以下にURLを整理しておきましょう。なお、
《《 》》で囲まれた部分は、ご自分の情報に合わせて書き換えが必要です。

ページへのアクセス

```
01  https://api.notion.com/v1/pages/《ページID》
```

データベースのアクセス

```
01  https://api.notion.com/v1/databases/《データベースID》
```

ブロックのアクセス

```
01  https://api.notion.com/v1/blocks/《ブロックID》
```

https://api.notion.com/ の後にバージョンを示す値（v1）を付け、その後にア
クセスする要素の種類（pages、databases、blocks）を指定し、さらにその後
にアクセスする要素のIDを指定する、という形になっています。これがNotionデー

タアクセスの基本となるURLです。

　URLそのものは決して複雑ではありません。ただし、これらを見ればわかるように、実際のアクセスには必ず「要素のID」を指定する必要があります。

　ただし、このURLにアクセスするだけではデータは取り出せません。アクセス時に別途情報を用意する必要があります。具体的な方法はこの後で説明します。

要素のIDについて

　このIDは、URLから調べることができます。実際に利用したいページやデータベースなどをWebブラウザで開いてみて下さい。アドレスバーを見ると、URLはこのような形になっていることがわかります。

```
01  https://www.notion.so/ユーザー名/ランダムなテキスト
```

図7-6-1　ページを開くと、URLにそのページのIDが付けられている

　要素によっては、URLが多少違うこともあります。例えばパーソナルプランのワークスペースを1つだけ利用している場合や、チームプランのワークスペースにあるページなどは、ユーザー名の部分がなくnotion.so/の後にいきなりIDがつけられています。またデータベースなどは、IDの後にさらに「?v=ランダムなテキスト」といったものが付けられています（この?v=の後に付けられているランダムなテキストは、使用しているビューのIDです）。

　ブロックの場合、そのブロックをページとして表示することはできないため、Webブラウザのアドレスバーなどから直接IDを取り出すことはできません。こういうものは、ブロックのハンドルアイコンをクリックし、現れたメニューから「ブロックへのリンクをコピー」を選びます。そしてエディターなどにペーストすれば、そのブロックのURLが得られます。ここからIDの値をコピーし利用すればいいでしょう。

図7-6-2　ブロックの「ブロックへのリンクをコピー」メニューを取得する

URLがどのようになっているかわかったら、残るは「どうやってアクセスするか」ですね。Google Apps Scriptには、指定したURLにアクセスしてコンテンツを取得するための機能が用意されています。それは「UrlFetch」というオブジェクトの「fetch」メソッドというものです。

[書式] 指定URLにアクセスする

```
01  変数 = UrlFetch.fetch(《URL》,《オプション》);
```

使い方は簡単で、第1引数にアクセスするURLをテキストで指定します。ただアクセスするだけなら、これで問題なく行えます。

アクセスの際に各種の情報を用意する必要がある場合は、第2引数に設定情報をオブジェクトにまとめたものを用意します。このオブジェクトは、以下のような形になるでしょう。

[書式] オプション情報のオブジェクト

```
01  {
02    "method": メソッド名 ,
03    "headers": {…ヘッダー情報…},
04    "payload": {…コンテンツ…}
05  }
```

methodは、アクセスに使うHTTPメソッドを指定します。通常、Webブラウザなどからアクセスするときは「GET」というHTTPメソッドでアクセスが行われていますが、例えばフォームの送信などは「POST」というHTTPメソッドが使われます。このように、アクセスの種類によって使われるHTTPメソッドは変わる場合があります。

headersには、送信時に送られるヘッダー情報を用意します。HTTPアクセスでは、アクセスの際にサーバー側に伝える情報をヘッダー情報として送ります。

payloadは、アクセス時に送信するボディ（本体部分）の情報です。例えばサーバーに何らかのデータを送信するような場合は、ここに送信情報を指定します。

これらは、必要に応じて用意するものであり、常にすべて用意する必要はありません。アクセスの内容に応じて、「このようなアクセスのときはこういう情報を用意する」ということを確認しながら説明していきましょう。

08 データベースを取得する

　これで「Notionのデータ構造」「各要素のURL」「アクセスの方法」といった基本的な知識が一通り頭に入りました。では、これらを活用し、実際にNotion APIにアクセスしてみることにしましょう。

　まずは、データ管理の基本である「データベース」にアクセスをし、その情報を取得してみます。今回は、先に作成した「成績」データベースにアクセスをしてみましょう。「成績」データベースを開き、URLからデータベースのIDを調べてコピーをしておきます。

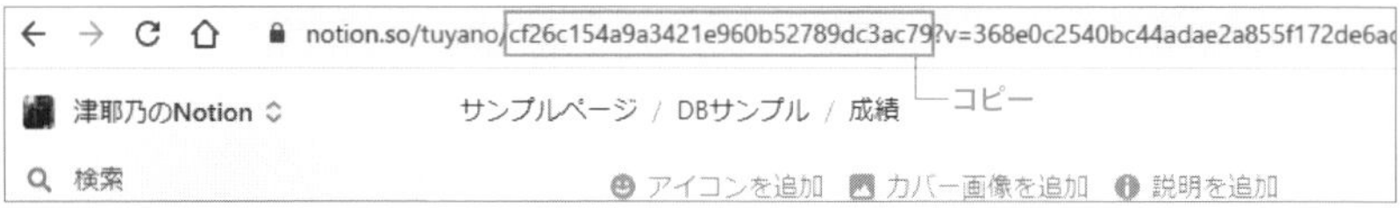

図7-8-1　成績データベースのURLからIDをコピーする

　Google Apps Scriptのエディター画面で、以下のコードを追記して下さい。なお、☆マークのシークレットトークンとデータベースIDは、それぞれで作成したインテグレーションとデータベースに割り当てられているものを指定して下さい。

リスト7-8-1

```
01  function getDatabase() {
02    const secret_key = '…シークレットトークン…'; // ☆
03    const db_id = '…データベースID…'; // ☆
04
05    const url = 'https://api.notion.com/v1/databases/' + db_id;
06
07    const opt = {
08      'method' : "get",
09      'headers' : {
10        'Content-Type' : 'application/json; charset=UTF-8',
11        'Authorization': 'Bearer ' + secret_key,
12        'Notion-Version': '2022-02-22',
13      }
14    };                                                              ■1
15
16    let result = UrlFetchApp.fetch(url, opt);                       ■2
17    console.log(JSON.parse(result.getContentText()));
18  }
```

記述したら、［Ctrl］＋［S］キーでファイルを保存して下さい。そしてエディター上部の「デバッグ」右側（myFunctionと表示されたところ）をクリックしましょう。すると、「myFunction」の他に、追記した「getDatabase」という関数名が選べるようになります。

図7-8-2　「getDatabase」関数が追加される

　この「getDatabase」メニューを選択し、「実行」をクリックしてスクリプトを実行しましょう。するとエディター下部に「実行ログ」という表示が現れ、そこに取得されたデータベースの情報が出力されます（「承認が必要です」アラートが表示された場合についてはこの後説明します）。

図7-8-3　「実行ログ」にアクセス結果が出力される

アクセス権限の設定

　おそらく多くの人は、スクリプトを実行した際、画面に「承認が必要です」というアラートが現れたのではないでしょうか。これは、スクリプトの実行に外部サービスへの接続が必要になり、それを許可する必要が生じたためです。

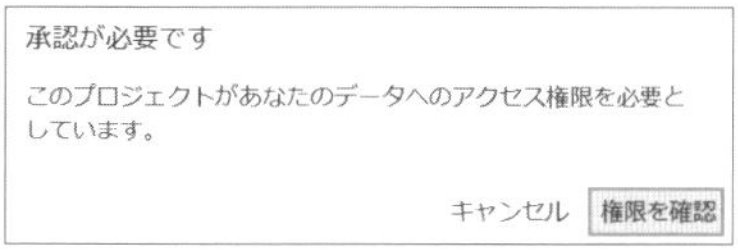

承認が必要です

このプロジェクトがあなたのデータへのアクセス権限を必要としています。

キャンセル　　権限を確認

図7-8-4　アクセス権限を承認するためのアラートが現れる

アラートが現れたら、「権限を承認」ボタンをクリックします。画面にアカウントを選択するウィンドウが開かれるので、使用するGoogleアカウントを選択し、続いて現れる画面で必要な権限の内容を確認して「許可」ボタンをクリックします。これでアクセスが行えるようになります。

図7-8-5　アカウントを選択し（左）、アクセスを許可する（右）

実行するとエラーが出る！

実行すると実行ログに赤い背景でメッセージが出力された人もいることでしょう。「お知らせ」欄に「エラー」と表示されていたら、それはエラーが発生してアクセスに失敗したという通知です。エラーの原因はたくさんあります。エラーメッセージを調べると「Truncated server response」というところにstatusとcodeという値が見つかるはずです。これらでおよその原因が推測できます。

エラーメッセージ	概要
400 validation_error	アクセス時に用意する情報が正しい形になっていない
400 invalid_request_url	アクセスするURLが正しくない
401 unauthorized	承認されなかった（シークレットトークンの間違い等）
404 object_not_found	アクセス先のデータが見つからなかった

書き間違い（URL、オプション設定、トークンやIDの記述ミス）がもっとも多いのですが、その他にも、指定の要素にアクセスできないために発生することもあります。これは指定した要素へのアクセス権限がない場合が多いでしょう。そのデータベースが自分自身で作成して管理権限があるものか、また使用するデータベースがあるワークスペースはパーソナルプランのものかどうか、よく確認しましょう。

実行ログ

| 15:38:53 | お知らせ | 実行開始 |
| 15:38:54 | エラー | Exception: Request failed for https://api.notion path.database_id should be a valid uuid, instead getDatabase @ コード.gs:20 |

図7-8-6　実行ログにエラーが出力されたところ

では、リスト7-8-1で実行している処理の内容を見ていきましょう。最初にシークレットトークンとデータベースIDをそれぞれ定数に設定してあります。そして、アクセスに必要なオプション設定の情報を作成しています。

ここでは、optという定数にオプション情報がまとめられています（リスト7-8-1の■）。このoptには以下のような情報が保管されています。

method	HTTPメソッドです。これは"get"にします
headers	ヘッダー情報です。これはオブジェクトとして値を用意します
Content-Type	コンテンツの種類を示すものです。ここでは、JSONデータをUTF-8で送受するよう指定しています
Authorization	アクセスの認証情報です。これは、'Bearer シークレットトークン' というテキストを用意します
Notion-Version	Notion APIのバージョンを指定します。ここでは'2022-02-22'とします

これらは、データベースアクセスに必須の情報と考えて下さい。データベースのアクセスには必ずこれらを用意します。

結果の取得

オプション情報が用意できたら、UrlFetch.fetchを使ってアクセスを行います。そしてその結果を受け取り、コンソールに出力しています（リスト7-8-1の■）。

```
01  let result = UrlFetchApp.fetch(url, opt);
02  console.log(JSON.parse(result.getContentText()));
```

fetchで変数に得られるのは、「HTTPResponse」というオブジェクトです。ここから、送信されたデータを取り出して利用します。サーバーから送られてきたコンテンツは、HTTPResponseの「getContentText」というメソッドで得られます。これはコンテンツをテキストとして取り出すものです。

サーバーから送られてくる情報はJSONフォーマットのテキストになっていますので、そのまま「JSON.parse」というものを使ってオブジェクトとして取り出し利用します。JSON.parseは、JSONフォーマットのテキストをJavaScriptのオ

ブジェクトに変換するメソッドです。

　これで結果がオブジェクトとして取り出されました。後は、オブジェクトから必要な情報などを取り出して利用すればいいわけですね。

 取得されたデータベース情報

　では、どのような情報が取り出されたのか、図7-8-3の出力内容を見てみましょう。かなり長くて複雑な出力ですが、整理するとだいたい以下のような形になっていることがわかるでしょう。

データベースの情報

```
01  {
02    object: 'database',
03    id: '…ID…',
04    cover: …カバー情報…,
05    icon: …アイコン情報…,
06    created_time: '…日時…',
07    created_by: { object: 'user', id: '…ユーザーID…' },
08    last_edited_by: { object: 'user', id: '…ユーザーID…' },
09    last_edited_time: '…日時…',
10    title: …タイトル情報…,
11    properties: …プロパティ情報…,
12    parent: …親要素の情報…,
13    url: '…URL…',
14    archived: 真偽値
15  }
```

　object: 'database'というのが、アクセスした要素がデータベースであることを示すものです。id，cover，iconなど、データベースに関する設定情報がまとめられているのがわかるでしょう。データベースのタイトルは、titleというところにあります（ただし、複雑なオブジェクトになっています）。

 プロパティについて

　データベースに用意されるプロパティは、propertiesというところにまとめられています。以下に一例を記載します。

```
01  {
02    '英語': { id: '……', name: '英語', type: 'number', number: [Object] },
03    '国語': { id: '……', name: '国語', type: 'number', number: [Object] },
```

```
04    '数学': { id: '……', name: '数学', type: 'number', number: [Object] },
05    '生年月日': { id: '……', name: '生年月日', type: 'date', date: {} },
06    ……略……
07  }
```

　propertiesの値はオブジェクトになっており、データベースに用意されている
各プロパティの名前ごとに値となるオブジェクトが設定されています。値には、以
下のような項目が用意されます。

値	概要
id	割り当てられているID
name	プロパティ名
type	プロパティの種類
種類名	プロパティに割り当てられる

　プロパティは、種類によって保管される値も違います。typeで種類を指定し、
その種類の情報を追加しています。typeがnumberならば、numberという項目に
数値プロパティの情報が用意される、という形になっているのですね。
　このpropertiesの内容を調べれば、データベースにどのような項目が用意され
ているのかだいたいわかる、というわけです。

10 プロパティの内容を出力しよう

では、先ほどの関数を少し修正し、データベースのプロパティの情報を取り出してみましょう。Google Apps Scriptのエディターに以下の関数を追記して下さい。

リスト7-10-1

```
01  function getDatabase2() {
02    const secret_key = '…シークレットトークン…'; // ☆
03    const db_id = '…データベースID…'; // ☆
04    const url = 'https://api.notion.com/v1/databases/' + db_id;
05
06    const opt = {…リスト7-8-1と同じ…};
07
08    const result = UrlFetchApp.fetch(url, opt);
09    const data = JSON.parse(result.getContentText()).properties; ……■
10    for(let ky in data) {
12      const val = data[ky];
13      console.log(val['name'] + ':' + val['type']); ……■
14    }
15  }
```

UrlFetchApp.fetchでアクセスするまでの部分は、リスト7-8-1と同じです。結果を受け取った後、propertiesからプロパティの情報を取り出し、プロパティ名と種類を出力しています。

ここでは、getContentTextで得たテキストをJSON.parseでオブジェクトに変換し、そこからpropertiesの値を取り出しています（■）。そして繰り返しを使い、そこから順に値を取り出して、そのnameとtypeをconsole.logで出力しています（■）。

こんな具合に、結果をオブジェクトとして取り出せば、後はそこから必要な情報を取り出していくだけです。

実行ログ		
16:31:38	お知らせ	実行開始
16:31:37	情報	英語 :number
16:31:37	情報	生年月日 :date
16:31:37	情報	国語 :number
16:31:37	情報	タグ :rich_text
16:31:37	情報	数学 :number
16:31:37	情報	プロパティ :formula
16:31:37	情報	名前 :title
16:31:38	お知らせ	実行完了

図7-10-1　データベースのプロパティの名前と種類が一覧で表示される

11 取得したデータを スプレッドシートに書き出そう

　Notion APIへのアクセスの基本はこれでわかりました。では、取得したデータ
の処理について、もう少し考えてみましょう。

　今回は、Googleスプレッドシートのスクリプトで処理を実行しています。この
スクリプトは、スプレッドシートを操作するマクロとして使われることが多いもの
です。つまり、スクリプトの中からスプレッドシートを操作することができるので
す。

　そこで、取得したデータをそのままスプレッドシートに書き出すことにしましょ
う。これができれば、Notionからさまざまな情報を取り出し、スプレッドシートに
まとめていくことができるようになります。

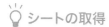 シートの取得

　Google Apps Scriptからスプレッドシートを利用するには、「シート」と「レ
ンジ」という基本的な要素の使い方について理解しておく必要があります。

　シートは、スプレッドシートに用意されている各シートのことですね。では、レ
ンジとは？　これは、シート内のセル範囲を示すものです。スプレッドシートでは、
複数のセルをまとめて扱うことが多いことから、「セルの範囲」を扱うオブジェクト
が用意されているのです。これを使って一定範囲のセルを取り出し、そこに値を設
定すれば、取り出したデータをシートに書き出せます。

　では、簡単に手順を説明しましょう。まずは「シート（Sheet）」オブジェクトの
取得からです。

　シートを取り出す方法はいくつかありますが、もっとも簡単なのは、「現在、選択
されているシート」を取り出す方法です。これは、SpreadsheetAppというスプ
レッドシートアプリのオブジェクトにある「getActiveSheet」メソッドを呼び
出すだけです。

［書式］アクティブシートの取得

```
01  変数 = SpreadsheetApp.getActiveSheet();
```

　名前を指定してシートを取り出すこともできます。これは、SpreadsheetApp
の「getActiveSpreadsheet」というメソッドでスプレッドシートのオブジェク
トを取り出し、そこからさらに「getSheetByName」というメソッドを呼び出し

ます。このメソッドで、引数にシート名をテキストで指定すれば、その名前のシートが取り出されます。

[数式] 指定した名前のシートを得る

```
01  変数 = SpreadsheetApp.getActiveSpreadsheet().getSheetByName( 名前 );
```

💡 レンジの取得

シートから、データを扱うための「レンジ（Range）」オブジェクトを取得します。シートにはずらっとセルが並んでいますが、Google Apps Scriptには「セル」というオブジェクトはありません。常にセルの範囲を表す「レンジ」オブジェクトを使います。

レンジの取得は、Sheetオブジェクトにあるメソッドを利用します。以下に主なものをまとめておきましょう。

選択されているセルのレンジ

```
01  変数 =《Sheet》.getCurrentCell();
```

選択されたレンジ

```
01  変数 =《Sheet》.getActiveRange();
```

指定のセルのレンジ

```
01  変数 =《Sheet》.getRange( 行 , 列 );
```

指定した範囲のレンジ

```
01  変数 =《Sheet》.getRange( 行 , 列 , 行数 , 列数 );
```

メソッドには「現在、選択されているセルを取得する」というものと、「セルの位置や範囲を指定してレンジを得る」というものがあります。getCurrentCellは、選択されているセルのレンジであり、1つのセルだけのレンジです。getActiveRangeは選択されている範囲のレンジです。

レンジの範囲を指定する場合は「getRange」メソッドを使います。これは縦横の位置だけを指定するとそのセルのレンジが得られ、縦横位置にさらに縦横の数を指定すると指定した範囲のレンジが得られます。

 レンジの値の操作

　レンジを取り出したら、そこから値を取り出したり、値を設定したりすることができます。これは、1つのセルの値を操作するものと、複数のセル範囲の値を操作するものがあります。

セルの値を得る

```
01  変数 =《Range》.getValue();
```

レンジの値を得る

```
01  変数 =《Range》.getValues();
```

セルに値を設定する

```
01  《Range》.setValue( 値 );
```

レンジに値を設定する

```
01  《Range》.setValues( 配列 );
```

　1つのセルの値だけを操作する場合は、geValueで値を取り出し、setValueで値を設定するだけです。しかし複数のセルからなるレンジの値を扱う場合は、getValuesで値を配列として取り出し、setValuesで配列を値として設定します。

　「配列」というのは、同じ種類の複数の値をひとまとめにして管理する特別な変数です。それぞれの値にはインデックスという通し番号が付けられていて、この番号を使って個々の値を読み書きできます。

　レンジの値は、「2次元配列」という形になっています。これは「複数の配列を一つの配列にまとめたもの」です。ここで扱うのは、各行の値を配列にまとめたものをさらに1つの配列にしたものです。例えば、こんな状態を考えてみましょう。

| 1 | A | 100 |
| 2 | B | 100 |

　この4つのセルの値は、getValuesで取り出すと以下のような形になっているでしょう。

```
01  [
02    ["A", 100],
03    ["B", 200]
04  ]
```

　この["A", 100]や["B", 200]というのが配列です。配列は、このように[]
という記号の中に値をカンマで区切って記述します。[1, 2, 3]や["A", "B"]
というように記述するのですね。

　ここでの値をよく見ると、配列の中に、さらに配列が入っていることがわかるで
しょう。このように、配列の中に配列が入っているのが「2次元配列」です。レン
ジにデータを設定する場合も、このような形で値を用意する必要があります。さら
には、データの数と、設定するレンジのセルの数も一致していなければいけません。
用意した2次元配列のデータが、指定レンジの範囲にぴったりと収まるようにしな
いといけないのです。セルが余ったり足りなかったりすると、うまく値を設定でき
ないので注意しましょう。

では、実際にNotion APIから得たデータをスプレッドシートに書き出してみましょう。先ほどのスクリプトをさらに修正し、データベースから取り出したプロパティの情報をシートに表示してみます。

リスト7-12-1

```
01  function getDatabase3() {
02    const secret_key = '…シークレットトークン…'; // ☆
03    const db_id = '…データベースID…'; // ☆
04    const url = 'https://api.notion.com/v1/databases/' + db_id;
05
06    const opt = {……リスト7-8-1と同じ……};
07
08    const result = UrlFetchApp.fetch(url, opt);………………………… 1
09    const data = JSON.parse(result.getContentText()).properties;…
10    const values = [['ID', '名前', '種類']];………………………… 2
11    for(let ky in data) {………………………………………………
12      const val = data[ky];
13      values.push([val['id'], val['name'], val['type']]);  3
14    }………………………………………………………………
15    const sheet = SpreadsheetApp.getActiveSheet();…………………
16    const ranges = sheet.getRange(1,1, values.length,3);  4
17    ranges.setValues(values);……………………………………… 5
18  }
```

UrlFetchApp.fetchまでの部分は同じですので、一部省略してあります。ここでは、取得したデータを加工してスプレッドシートに設定する処理を追加しています。

スクリプトを実行すると、リスト7-8-1のときと同じ権限の承認を確認するアラートが現れるでしょう。その場合は、アラートから「権限を承認」ボタンを押し、現れたウィンドウでアカウントを選択、アクセスの内容を確認して「許可」ボタンをクリックします。ウィンドウが閉じられたら、スクリプトが実行できるようになります。

承認が必要です
このプロジェクトがあなたのデータへのアクセス権限を必要としています。

キャンセル　権限を確認

図7-12-1　アラートが現れたら「権限を承認」ボタンを押し、アカウントを選んでアクセスを許可する

無事スクリプトが実行できたら、スプレッドシートに表示を切り替えてみましょう。すると、データベースに用意されているプロパティのID、名前、種類がそれぞれ一覧で出力されます。「Notion APIから取得したデータを整理してスプレッドシートに書き出す」という基本操作ができるようになりました！

	A	B	C
1	ID	名前	種類
2	%3FPTg	英語	number
3	IF%3FT	生年月日	date
4	L%7DIc	国語	number
5	MKe%7C	タグ	rich_text
6	UuLY	数学	number
7	Wm%5Cp	プロパティ	formula
8	title	名前	title

図7-12-2　スプレッドシートにデータベースのプロパティの内容が出力された

プロパティを2次元配列にまとめる

　では、実行している処理の流れを見ていきましょう。UrlFetchApp.fetchでアクセスしたら、取り出したデータをオブジェクトにし、そこからpropertiesの値を取り出します（■）。

```
01  const result = UrlFetchApp.fetch(url, opt);
02  const data = JSON.parse(result.getContentText()).properties;
```

　取り出したdataから順にプロパティの情報を取得し配列にまとめていくわけですね。
　まず、データをまとめる配列を用意します（■）。

```
01  const values = [['ID', '名前', '種類']];
```

　配列の中に、['ID', '名前', '種類']という配列を初期値として用意してあります。この3つの値を配列にまとめて追加していきます（■）。

```
01  for(let ky in data) {
02    const val = data[ky];
03    values.push([val['id'], val['name'], val['type']]);
04  }
```

繰り返しを使い、dataからプロパティ情報のオブジェクトを取り出します。そして、[val['id'], val['name'], val['type']]というようにしてID，name，typeの値をまとめた配列を作成し、これをpushメソッドでvalues配列に追加します。

　これをforでひたすら繰り返せば、すべてのプロパティの情報がvaluesにまとめられます。

 ## 2次元配列をシートに表示する

　2次元配列が用意できたら、後はレンジを取り出し、値を設定するだけです。ただし、注意すべきは「用意したデータと同じサイズ（縦横のデータの数）でレンジを用意しないといけない」という点です。

```
01  const sheet = SpreadsheetApp.getActiveSheet();
02  const ranges = sheet.getRange(1,1, values.length,3)
```

　getRangeでは、レンジの行数にvalues.lengthを指定しました。lengthは配列の要素数を示すプロパティですね。そして列数は3にしておきます。これでvaluesのデータと同じ行数・列数でレンジが取り出せました（4）。

```
01  ranges.setValues(values);
```

　後は、setValuesで値を設定すれば、指定の範囲にvaluesの値が設定されます。2次元配列の作成とレンジの取得をしっかり行えば、スプレッドシートにデータを出力するのはそんなに難しくはないのです（5）。

13 Notion APIとスプレッドシートの基本をしっかりと！

　以上、このChapterでは、Notion APIを利用する準備から、Google Apps Scriptを使ってNotionからデータを取得し、それをスプレッドシートに出力する、というところまで行いました。「Notion APIを使ったデータアクセス」と「スプレッドシートの利用」は、Notionのデータを活用する上でもっとも重要になる技術です。この2点について、まずはしっかりと理解し、確実に使えるようになりましょう。

　基本がわかったら、次のChapterで本格的にNotionのデータを活用していきましょう。

Chapter 8

データを検索しよう

この章のポイント
- クエリー検索でデータを取得する基本を覚えましょう
- フィルターの設定の仕方をしっかり理解しましょう
- データを自由にソートできるようになりましょう

01 データベースの データを取得する

　前Chapterで、Google Apps Scriptを使ってNotion APIにアクセスする基本的な手順がわかりました。これを踏まえ、このChapterでは本格的にデータベースにアクセスしていきましょう。

　まずは、「データベースのデータを取得する」ということからです。前Chapterで、データベースにアクセスをしてプロパティなどを取り出しましたね。けれど、データベースに保管されているデータは、そこにはありませんでした。

　なぜ、データベースの中にデータがなかったのか。それは、データベースというのが「データベースそのものに関する情報」しか持っていないからです。

💡 データベースとデータ（ページ）の関係

　Notionでは、ページやデータベースにさまざまな情報が追加されます。が、これらはデータの構造としては「その中に入っている」わけではないのです。これらとは別にコンテンツのデータが作成され、関連付けられているだけなのです。これは、パソコンで考えるなら「フォルダの中に、ファイルのショートカットだけを集めたような状態」をイメージするといいでしょう。データの本体は別にあって、それを参照する情報だけがまとめられているのですね。

　例えば、Notionのページにはさまざまなコンテンツを追加できますが、これらはページの一部として内部に組み込まれているわけではありません。「ブロック」と呼ばれるものとして保管され、ページにそのブロックが表示されるように関連付けられているだけなのです。決して「ページの一部になっている」わけではないのです。

　同じことがデータベースにもいえます。データベースのデータは、それぞれが「ページ」としてNotionのサーバーに保管され、そこに各値がプロパティとして設定されています。それらページが「このデータベースのデータである」として関連付けられているのです。データベースには、データベースそのものの情報しかないのです。

　Notionのコンテンツは「データベース」「ページ」「ブロック」の組み合わせでできている、とすでに説明をしました。これらは、基本的にすべて独立した部品として存在しており、お互いの所属関係が設定されています。この「部品どうしの所属関係」ですべてがつながっています。この考え方をしっかりと理解しましょう。

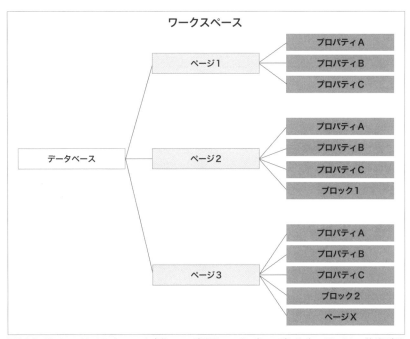

図8-1-1　Notionでは、データベースに多数のページが属している。各ページにはプロパティとして値が用意され、さらにブロックやページなどが属している。すべての部品は、それぞれがどこに含まれているかという所属関係でつながっている

💡 クエリー検索について

では、どうやってデータベースのデータを取り出せばいいのでしょうか。データベースにデータがないとすれば、どこから取り出すのでしょうか。

これは、Notion APIに用意されている「クエリー検索」という機能を使います。クエリー検索は、指定したデータベースに所属しているページを検索するための専用の機能です。このクエリー検索は、以下のURLにアクセスして実行します。

```
01  https://api.notion.com/v1/databases/《データベースID》/query
```

ここにPOSTアクセスすることで、指定したデータベースからデータ（実際にはページ）をまとめて取り出すことができます。「POSTアクセス」というのは、HTTPメソッドのPOSTを使ったアクセスのことで、例えばフォームの送信などで使われるものです。これは、UrlFetchApp.fetchのオプション設定にある「method」の値を"post"にすることで行えます。

02 成績データをシートに出力する

　では、前Chapterで使った「成績」データベースにアクセスして、データを取り出してみましょう。「成績」には、「名前」「国語」「数学」「英語」「生年月日」といったプロパティがありました（他のプロパティは、今回は使いません）。これらの値を取り出し、Googleスプレッドシートに書き出してみます。

　では、前Chapterで使ったGoogleスプレッドシートのファイルを開き、新しく「成績表」というシートを用意しましょう。シートの左下に見える「＋」をクリックして、そのまま下部のシート名を表示したタブをダブルクリックし、名前を変更して下さい。

図8-2-1　「＋」をクリックしてシートを作り、名前を「成績表」にする

スクリプトを作成する

　シートができたら、スクリプトを作成しましょう。Googleスプレッドシートの「拡張機能」メニューから「Apps Script」を選び、エディターを開きます。そして「コード.gs」ファイルに以下の関数を追記して下さい。なお、☆の変数には、それぞれが使っているシークレットトークンとデータベースIDを指定して下さい。

リスト8-2-1

```
01  function getSeisaki() {
02    const secret_key = '…シークレットトークン…'; // ☆
03    const db_id = '…データベースID…'; // ☆
04    const url = 'https://api.notion.com/v1/databases/' + db_id + '/query';
05
06    const opts = {                                                    ■
07      "method" : "post",
08      "headers" : {
09        'Content-Type' : 'application/json; charset=UTF-8',          ■
10        'Authorization': 'Bearer ' + secret_key,
11        'Notion-Version': '2022-02-22',
12      }
13    };
14
15    const result = UrlFetchApp.fetch(url, opts);
16    const obj = JSON.parse(result.getContentText());                 ■
17
18    const values = [ ['名前', '国語', '数学', '英語', '生年月日'] ];   ■
```

```
19    for(let n in obj.results) {
20      let item = obj.results[n].properties;
21      try {
22        let val = [
23          item['名前'].title[0].plain_text,
24          item['国語'].number,
25          item['数学'].number,
26          item['英語'].number,
27          item['生年月日'].date.start
28        ];
29        values.push(val);
30      } catch(e) {
31        console.error(e);
32      }
33    }
34    const sheet = SpreadsheetApp.getActiveSpreadsheet().↵
      getSheetByName('成績表');
35    const ranges = sheet.getRange(1,1, values.length,5);
36    ranges.setValues(values);
37  }
```

	A	B	C	D	E	F
1	名前	国語	数学	英語	生年月日	
2	荻窪	85	97	94	2009-10-24	
3	吉祥寺	48	38	57	1998-08-14	
4	阿佐ヶ谷	71	49	63	2001-12-06	
5	中野	73	85	69	2020-04-22	
6	高円寺	92	63	89	2012-02-21	

図8-2-2　実行すると、「成績」データベースの内容が「成績」シートに書き出される

　作成できたら、エディター上部にある関数の選択項目（「デバッグ」の右隣）から「getSeiseki」関数を選択し、実行しましょう。これで「成績」データベースからデータを取得し、Googleスプレッドシートの「成績」シートに出力できました。

クエリーアクセスについて

　では、実行している処理がどうなっているのか見てみましょう。まずに、シークレットトークンとデータベースIDをそれぞれ定数に用意し、それを元にアクセスするURLの値を作成しています（■）。

```
01  const url = 'https://api.notion.com/v1/databases/' + db_id + '/query';
```

　データベースIDの後に '/query' を付けてクエリー検索のURLにしていますね。続いて、アクセスの際のオプション設定を用意します（■）。

```
01  const opts = {
02    'method' : 'post',
03    'headers' : {
04      'Content-Type' : 'application/json; charset=UTF-8',
05      'Authorization': 'Bearer ' + secret_key,
06      'Notion-Version': '2022-02-22',
07    }
```

　ここでは、'method' : 'post'として、POSTアクセスするということを忘れないで下さい。URLとオプション設定が用意できたら、UrlFetch.fetchでアクセスを行い、取得したコンテンツをオブジェクトに変換します（**3**）。

```
01  const result = UrlFetchApp.fetch(url, opts);
02  const obj = JSON.parse(result.getContentText());
```

　これで、Notion APIからクエリー検索のURLにアクセスした結果がオブジェクトとして取り出されました。

クエリー検索の結果オブジェクト

　では、クエリー検索のURLから得られるオブジェクトはどのようなものでしょうか。これは、データベースのオブジェクトとは違い、以下のような形をしています。

検索結果のオブジェクト

```
01  { object: 'list',
02    results: 配列,
03    next_cursor: null,
04    has_more: false,
05    type: 'page',
06    page: {}
07  }
```

　object: 'list'という値から、このオブジェクトが「リスト」のオブジェクトであることがわかります。「リスト」というのは、たくさんの値をひとまとめにして扱う値のことです。プログラミングの世界では「配列」と呼ばれるものに相当します。そして「results」というプロパティに、取得されたデータベースのデータ（実際はページ）が配列にまとめられて設定されます。
　その後にある値は、このオブジェクトに関する情報ですが、今回は特に使うことはありません。「resultsからデータベースのデータが得られる」ということだけ

頭に入れておけばいいでしょう。

取得したデータの処理

では、resultsから順にデータを取り出して配列にまとめていきます。まず、配列に各列名をまとめたものを用意しておきます（**4**）。

```
01  const values = [ ['名前', '国語', '数学', '英語', '生年月日'] ];
```

ここでは5つのプロパティを取り出して2次元配列に追加していきます。これはforを使った繰り返しで行いましたね。こんな形で処理をしていきます（**5**）。

```
01  for(let n in obj.results) {
02    let item = obj.results[n].properties;
03    ……valuesを作成……
04    values.push(val);
05  }
```

obj.results[n].propertiesというようにして、resultsの配列からn番目のオブジェクトのpropertiesを取り出し、そこから値を配列にまとめて、pushでvaluesに追加する、ということを行うわけです。propertiesには、このデータのプロパティをオブジェクトにまとめたものが設定されています。ここからプロパティの値を取り出し、配列にまとめればいいのです。

では、propertiesから各プロパティの配列を作成している部分がどうなっているか見てみましょう。

```
01  let val = [
02    item['名前'].title[0].plain_text,
03    item['国語'].number,
04    item['数学'].number,
05    item['英語'].number,
06    item['生年月日'].date.start
07  ];
```

itemからプロパティ名を指定し、値を取り出しています。しかし、よく見ると、名前と3つの教科、そして生年月日で取り出し方が違います。詳しくは次節で解説します。

なぜ、こんなことになっているのか。それは、プロパティに保管されている値オブジェクトの構造が、値の種類によって異なっているからです。

resultsに保管されているプロパティのオブジェクトは、おそらくこのような形になっています（プロパティの個々の値は異なります）。

propertiesのオブジェクト

```
01  {
02    '名前': { id: 'title', type: 'title', title: [ [Object] ] },
03    '国語': { id: 'L%7DIc', type: 'number', number: 92 },
04    'タグ': { id: 'MKe%7C', type: 'rich_text', rich_text: [] },
05    '数学': { id: 'UuLY', type: 'number', number: 63 },
06    '英語': { id: '%3FPTg', type: 'number', number: 89 },
07    '生年月日': { id: 'IF%3FT',
08      type: 'date',
09      date: { start: '2012-02-21', end: null, time_zone: null } },
10  }
```

値の種類ごとに内容が違っていることがわかるでしょう。プロパティから必要な情報を取り出すためには、プロパティの種類ごとにその内容がどうなっているかを理解しなければいけないのです。

主な値オブジェクトの構造

では、プロパティの値オブジェクトがどのようになっているのか、値の構造をここで説明しておきましょう。値オブジェクトの基本は、このような形になります。

```
01  { id:《ID》, type:タイプ, タイプ名: 値 }
```

idは、すべてのオブジェクトに割り当てられているユニークな値です。typeが、その値の種類を示すものです。そして必ずタイプ名と同じ名前の項目が用意されており、そこに実際のプロパティの値が保管されます。例えば数値ならば、type: 'number'となり、numberという項目にその値が保管される、というわけです。

では、個々の値についてどのようになっているか、簡単に整理しておきましょう。

● タイトル

```
01  { id:《ID》, type: 'title', title: [ {plain_text: テキスト} ] }
```

　タイトルは、プロパティの中でも特殊な役割を果たしています。値が保管される
titleには、オブジェクトの配列が保管されています。そしてそのオブジェクト内
にplain_textという値としてタイトルのテキストが用意されます。
　タイトルは複数の値が設定できるようになっているため、titleの値は配列に
なっています。ただ通常は１つしかタイトルは作成していないでしょう。従って、
タイトルの情報は「title[0].plain_textというようにtitle[0]から値を取
り出す」と理解しておきましょう。

● 数値

```
01  { id:《ID》, type: 'number', number: 数値 }
```

　数値のオブジェクトは非常に単純です。numberという項目に数値が保管されて
いるだけです。

● テキスト

```
01  { id:《ID》, type: 'rich_text', rich_text: [ オブジェクト ] }
```

　テキストは、type: 'rich_text'として設定されています。そしてrich_text
という項目に値が保管されます。ただし、種類が「リッチテキスト」になっている
ことでもわかるように、ただのテキストではなくスタイル付きテキストであるため、
rich_textに設定されている値もオブジェクトになっています。
　単純に「テキストの値」を調べるだけならば、rich_textのオブジェクトから
「plain_text」という値を取り出せば得られます。

● チェックボックス

```
01  { id:《ID》, type: 'checkbox', checkbox: 真偽値 }
```

　チェックボックスは、type: 'checkbox'と種類が指定されます。そして
checkboxに真偽値（true/false）が保管されています。

●URL/メール/電話

URL、メール、電話といったものは、typeはそれぞれ異なりますが、値として保管されているのはただのテキストです。ですから、指定の種類名の値を取り出すだけです。

URL

```
01  { id:《ID》, type: 'url', url: 値 }
```

メール

```
01  { id:《ID》, type: 'email', email: 値 }
```

電話

```
01  { id:《ID》, type: 'phone_number', phone_number: 値 }
```

●日時

日時の値は、type: 'date'として指定されています。date項目には、オブジェクトの形で値が保管されています。この中には、開始と終了日時を示すstart, endと、タイムゾーンを示すtime_zoneという項目があります。これらはいずれも日時やタイムゾーンを表すテキストで値が設定されています。

```
01  { id:《ID》, type: 'date', date: { start: 日時 , end: 日時 , time_zone: タイム
    ゾーン } },
```

●セレクト/マルチセレクト

セレクト

```
01  { id:《ID》, type: 'select', select: { id:《ID》, name: 値 , color: 色 } },
```

マルチセレクト

```
01  { id:《ID》, type: 'multi_select', multi_select: [ オブジェクト ] },
```

セレクト/マルチセレクトは、設定されている値がオブジェクトとして用意されています。セレクトの場合、type: 'select'が指定され、select項目にid、name、colorといった値を持つオブジェクトが用意されます。

マルチセレクトの場合は、type: 'multi_select'となります。そしてmulti_selectには、selectで使われているオブジェクトを配列にまとめたものが設定

されます。

●関数

```
01  { id:《ID》, type: 'formula', formula: { type: 種類, 種類: 値 } },
```

　関数を種類に指定している場合、type: 'formula' となります。そして
formula には type と値をまとめたオブジェクトが指定されます。例えば、関数で
得られた値が10という数値だった場合は、{type: 'number', number: 10}
といったオブジェクトが formula に設定されるわけです。
　「設定した関数の式は？」とう方もいるかもしれません。式自体は、実はデータ
ベースのデータとしては保管されていないのです。データにあるのは、式によって
計算された結果の値だけです。

04 フィルターで
検索条件を指定する

　クエリー検索を使ってデータベースのデータを取り出すことができるようになりました。ただし、取得したのは「すべてのデータ」です。データベースを活用するには、データの中から特定のものだけを取り出す機能も欲しいところですね。いわゆる「検索」の機能です。

　これは、「フィルター」という情報を用意することで可能になります。フィルターは、データベースの機能として用意されていました。条件を指定して、それに合致するデータだけが表示されるようにする機能でしたね（Chapter3-07参照）。

　クエリー検索のURLにアクセスしてデータを取得するとき、このフィルターの設定情報もオプション設定のオブジェクトに用意することで、特定の条件に合致するものだけを得ることができます。

　フィルターの設定は、オプション設定に「payload」という項目を用意し、そこに設定を記述します。

フィルター条件を設定したオプション

```
01  {
02    'method' : メソッド ,
03    'headers' : オブジェクト ,
04    'payload' : コンテンツ ………これを用意
05  }
```

　このpayloadは、アクセス先に送信するコンテンツとなるものです。このコンテンツは、JavaScriptのオブジェクトとして用意したものをJSON.stringifyでテキストに変換したものを指定します。フィルター設定をこのpayloadに渡すならば、以下のような形になるでしょう。

フィルターコンテンツの指定

```
01  'payload' : JSON.stringify({ 'filter' : { 'property': プロパティ名 , プロパ
    ティ名 : 値 }})
```

　値として用意するオブジェクトには「filter」という項目を用意し、そこにフィルターの設定情報を追記します。これはpropertyで対象となるプロパティ名を指定し、そのプロパティ名の項目にフィルターの値を指定します。この値も、実はフィルター設定の情報をまとめたオブジェクトになっています。

💡 フィルターを使って検索する

では、フィルターを利用して、特定の条件に合致するデータだけを取り出してみましょう。まず、データを出力するシートを作成しておきます。Googleスプレッドシートに表示を切り替え、左下の「＋」をクリックして新しいシートを作成して下さい。シートの名前は「成績検索」としておきます。

図8-4-1　新たに「成績検索」シートを作成する

続いて、作成した「成績検索」シートのA1セルとA2セルに検索条件を記入します。A1セルには教科名（「数学」など）を記入し、B1セルには点数（「50」など）を記入します。これで、指定した教科から指定の点数以上のものを表示するようにします。

図8-4-2　A1セルとB1セルに検索の条件を記入しておく

では、Google Apps Scriptのエディターに切り替え、以下のソースコードを追記して下さい。

リスト8-4-1

```
01  function getSeisakiFilter() {
02    const sheet = SpreadsheetApp.getActiveSpreadsheet().
      getSheetByName('成績検索');                              1
03    const colname = sheet.getRange(1,1).getValue();
04    const value = sheet.getRange(1,2).getValue();
05
06    const secret_key = '…シークレットトークン…'; // ☆
07    const db_id = '…データベースID…'; // ☆
08    const url = 'https://api.notion.com/v1/databases/' + db_id + '/query';
09
10    const opts = {
11      'method' : 'post',
12      'headers' : {
13        'Content-Type' : 'application/json; charset=UTF-8',
14        'Authorization': 'Bearer ' + secret_key,
15        'Notion-Version': '2022-02-22',          2
16      },
17      'payload': JSON.stringify({
18        'filter': {
19          'property': colname,          3
```

```
20          'number': {  ┄┄┄┄┄┄┄┄┄┄┄┄┄┄┄┄┄┄┄┄┄┄┄┄┄┄┄┄ 4
21              'greater_than_or_equal_to': value ┄┄
22          }
23      }
24    })
25  }; ┄┄┄┄┄┄┄┄┄┄┄┄┄┄┄┄┄┄┄┄┄┄┄┄┄┄┄┄┄┄┄┄┄┄┄┄┄┄┄┄┄┄
26
27  const result = UrlFetchApp.fetch(url, opts);
28  const obj = JSON.parse(result.getContentText());
29
30  const data = obj.results[0].properties;
31  const values = [['名前','国語','数学','英語', '合計']];
32  for(let n in obj.results) {
33    let item = obj.results[n].properties;
34    try {
35      let val = [
36        item['名前'].title[0].plain_text,
37        item['国語'].number,
38        item['数学'].number,
39        item['英語'].number,
40        item['国語'].number + item['数学'].number + item['英語'].number
41      ];
42      values.push(val);
43    } catch(e) {
44      console.error(e);
45    }
46  }
47  sheet.getDataRange().clearContent(); ┄┄┄┄┄┄┄┄┄┄┄┄┄┄┄┄┄┄┄┄┄┄ 5
48  sheet.getRange(1,1).setValue(colname);
49  sheet.getRange(1,2).setValue(value);
50  const ranges = sheet.getRange(2,1, values.length,5);
51  ranges.setValues(values);
52 }
```

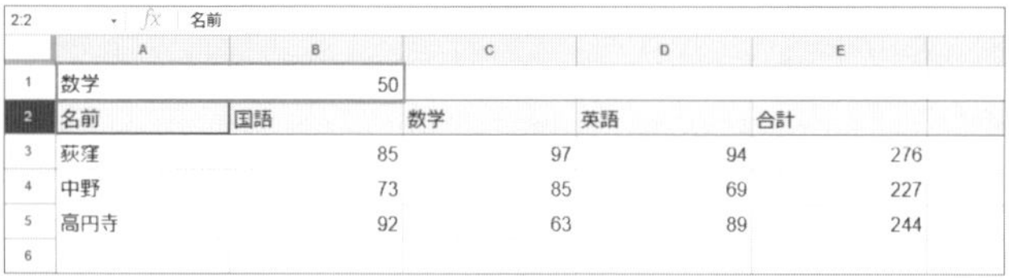

2:2	fx	名前		
	A	B	C	D	E
1	数学	50			
2	名前	国語	数学	英語	合計
3	荻窪		85	97	94	276
4	中野		73	85	69	227
5	高円寺		92	63	89	244
6					

図8-4-3　実行すると、A1セルに記入した教科の点数がA2セルの値以上のデータを検索し出力する

　エディターの関数選択メニュー（「デバッグ」の右隣）から「getSeisakiFilter」を選択し、実行しましょう。A1、B1セルに指定した条件でデータを検索し、その下（2列目以降）に出力します。A1、B1セルの内容をいろいろと書き換えて実行してみて下さい。フィルターの働きがよくわかるでしょう。

処理の流れを整理する

　では、実行している処理の流れを整理していきましょう。今回は、まず「成績検索」シートを取得し、そのA1、B1セルの値を定数に取り出しておきます（**1**）。

```
01  const sheet = SpreadsheetApp.getActiveSpreadsheet().⤶
    getSheetByName('成績検索');
02  const colname = sheet.getRange(1,1).getValue();
03  const value = sheet.getRange(1,2).getValue();
```

　これでcolnameとvalueに検索条件となる値が用意できました。この後でUrlFetch.fetchで利用するオプション設定のオブジェクトを作成する際に、これらの値を使ってフィルター条件を指定しています（**2**）。

```
01  const opts = {
02    'method' : 'post',
03    'headers' : {
04      'Content-Type' : 'application/json; charset=UTF-8',
05      'Authorization': 'Bearer ' + secret_key,
06      'Notion-Version': '2022-02-22',
07    },
08    'payload': JSON.stringify({
09      'filter': {
10        'property': colname, ················································ 3
11        'number': { ····································································
12          'greater_than_or_equal_to': value           ······ 4
13        } ···············································································
14      }
15    })
16  };
```

　'payload'に設定されているのがフィルターの条件です。'property': colnameとして対象となるプロパティ名を指定し（**3**）、その後の'number'で数値の条件を指定しています（**4**）。今回は点数のプロパティを条件に指定するので、numberに条件を用意します。

　この条件には、'greater_than_or_equal_to': valueという値が用意されていますね。これは、「指定した数値と等しいか、それより大きい」という条件を指定するものです。これにvalueを指定することで、「valueと等しいか、それより大きいもの」がフィルターの条件として設定されます。

　フィルター条件さえ用意できれば、後はこれまでのスクリプトと同じです。UrlFetch.fetchでNotion APIにアクセスしてデータを取得し、そこから必要な

データを取り出して２次元配列にまとめ、シートに出力します。今回は「生年月日」のプロパティを省略し、代わりに３教科の合計を表示させました。

　一つ、新しい機能として「書かれているデータをすべてクリアする」ということを以下のようにして行っています（**5**）。

```
01  sheet.getDataRange().clearContent();
```

　「getDataRange」は、値が記入されている範囲をレンジとして取り出すものです。そして「clearContent」は、レンジに書かれている値をすべて消去するものです。つまり、これで「シートに書かれているすべての値をクリアする」ということができるのですね！

05 フィルターの条件設定

フィルターを実際に使ってみて、フィルターの条件にどのような値を用意するかが重要になることがわかったでしょう。先ほどのサンプルでは number のプロパティに `'greater_than_or_equal_to'` という条件を指定しました。では、これ以外にはどんな条件があるのか、あるいは数値ではなくテキストや日時のプロパティではどうなるのか、一通りわかっていなければフィルター条件は作れません。

ここで、最もよく使われるテキスト・数値・日時のプロパティについて、どのような条件が使えるのかまとめておきましょう。

すべてに共通

条件	概要
equals	指定した値と等しい
does_not_equal	指定した値と等しくない
is_empty	値が設定されていない
is_not_empty	値が空ではない（設定されている）

テキストのフィルター条件

条件	概要
contains	指定したテキストが含まれている
does_not_contain	指定したテキストが含まれていない
starts_with	指定したテキストで始まる
ends_with	指定したテキストで終わる

数値のフィルター条件

条件	概要
greater_than	指定した値より大きい
less_than	指定した値より小さい
greater_than_or_equal_to	指定した値と等しいか大きい
less_than_or_equal_to	指定した値と等しいか小さい

日時

条件	概要
before	指定した日時よりも前
after	指定した日時より後
on_or_before	指定した日時かそれより前
on_or_after	指定した日時かそれより後

　その他のプロパティの種類でも、最初の「すべてに共通」の表にあげておいたプロパティが使えます。例えばチェックボックスは、equals/does_not_equalだけで値に応じた検索が行えます。またセレクトもequalsで検索できますし、URL/メール/電話などはテキストのフィルター条件がすべて使えます。

06 複数条件の設定

　フィルターの基本的な使い方がわかったら、複数の条件を指定してさらに詳しい検索を行えるようにしましょう。フィルターの設定オブジェクトでは、複数条件を指定するために「and」「or」という値が作成できます。filterの値として用意するオブジェクトの中に、この「and」や「or」といった項目を用意し、その中に具体的な条件の指定を記述すれば、より複雑な条件の指定ができます。

条件の積
```
01  'and': [ 条件1，条件2，……]
```

　これは「複数の条件すべてに合致するもの」を検索するためのものです。値は配列になっており、条件をすべてオブジェクトとして用意します。

条件の和
```
01  'or' : [条件1，条件2，……]
```

　これは「複数の条件のいずれかに合致するもの」を検索するものです。配列として用意した条件の内、一つでも成立する項目があるなら、取り出されます。

💡 すべての点数をチェックする

　では、実際にフィルターに設定してみましょう。リスト8-4-1のスクリプトで、定数optsを作成していた部分を以下のように書き換えてください。

リスト8-6-1
```
01  const opts = {
02    'method' : 'post',
03    'headers' : {
04      'Content-Type' : 'application/json; charset=UTF-8',
05      'Authorization': 'Bearer ' + secret_key,
06      'Notion-Version': '2022-02-22',
07    },
08    'payload': JSON.stringify({
09      'filter': {
10        'and':[
11          {
```

```
12              'property': '国語',
13              'number': {
14                'greater_than_or_equal_to': value
15              }
16            },
17            {
18              'property': '数学',
19              'number': {
20                'greater_than_or_equal_to': value
21              }
22            },
23            {
24              'property': '英語',
25              'number': {
26                'greater_than_or_equal_to': value
27              }
28            },
29          ]
30        }
31      })
32  };
```

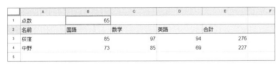

	A	B	C	D	E	F
1	点数	65				
2	名前	国語	数学	英語	合計	
3	荻窪	85	97	94	276	
4	中野	73	85	69	227	
5						

図8-6-1　B1セルに点数を記入しスクリプトを実行すると、3教科すべてが指定の点数以上のものだけを検索し表示する

　これは、B1セルの値を使い、3つの教科の点数がすべてB1セルの値以上のものだけを検索します。ここでは、opts定数の中に以下のような形でフィルターの指定を用意しています。

```
01  'filter': {
02    'and':[
03      …条件1…,
04      …条件2…,
05      …条件3…
06    ]
07  }
```

　このようにして、filter内にand/orを用意することで、より複雑な検索条件が設定できるようになります。
　このand/orは、この中にさらにand/orを追加することもできます。これらをいくつも組み合わせることで、より複雑で高度な検索が行えるようになるでしょう。

07 データのソート

　データを取り出せるようになったら、次は「データの並び順」にも注意を向けましょう。Notion APIでは、クエリー検索で取得するデータの並び順を設定することができます。これは、payloadでコンテンツとして指定する値の中に、以下のような形で並べ替えのための情報を追加します。

ソートの設定

```
01  "sorts": [
02    {
03      "property": プロパティ名,
04      "direction": 方向
05    }
06  ]
```

　ソートは、payload内に「sorts」という名前で設定を用意します。このsortsの値は配列になっており、ソートの条件となるオブジェクトを必要なだけ用意していきます。
　ソート条件のオブジェクトでは、「property」と「direction」という2つの値が必要です。propertyはソートの基準となるプロパティ名を指定し、directionはソートの方向を指定します。この「ソートの方向」というのは、以下のいずれかのことです。

ソートの方向

値	概要
'ascending'	昇順（小さい順）で並べる
'descending'	降順「大きい順」で並べる

　directionにこれらの値を指定することで、データをソートできます。複数のソート条件を指定した場合は、最初にあるものから順に使って並べ替えられます。2つの条件があった場合は、まず1つ目の条件でデータを並べ替え、同じ値のものがあった場合は2つ目の条件でそれらを並べ替えます。
　なお、ソート条件を指定しなかった場合の並び順については、P.238のコラムを参照してください。

検索したデータを並べ替える

　では、フィルターで検索した結果を並べ替えて出力させてみましょう。先ほどの
リスト8-4-1のサンプルで、opts定数の部分を以下のように書き換えてください。

リスト8-7-1

```
01  const opts = {
02    'method' : 'post',
03    'headers' : {
04      'Content-Type' : 'application/json; charset=UTF-8',
05      'Authorization': 'Bearer ' + secret_key,
06      'Notion-Version': '2022-02-22',
07    },
08    'payload': JSON.stringify({
09      'filter': {
10        'property': colname,
11        'number': {
12          'greater_than_or_equal_to': value
13        }
14      },
15      'sorts': [
16        {
17          'property': colname,
18          'direction': 'ascending'
19        }
20      ]
21    })
22  };
```

	A	B	C	D	E	F
1	英語	50				
2	名前	国語	数学	英語	合計	
3	吉祥寺		48	38	57	143
4	阿佐ヶ谷		71	49	63	183
5	中野		73	85	69	227
6	高円寺		92	63	89	244
7	荻窪		85	97	94	276
8						

図8-7-1　A1セルの教科がB1セル
の値以上のものを、点数が小さいも
のから順に出力する

　A1セルに教科名、B1セルに点数を記入して実行すると、検索したデータを点数
の小さいものから順に並べ替えて表示します。

　ここでは、'sorts'に'property': colname、'direction': 'ascending'
という形でソートの設定を用意しています。これで、colnameの値が小さいものか
らデータが並べられます。ソートは非常に簡単な設定を追記するだけで行えるので、
ぜひここで覚えておきましょう。

08 データのページネーション

　データの数が膨大なものになってくると、データを少しずつ取り出していくような処理が必要となってきます。これは「ページネーション」と呼ばれます。

　Notionデータベースのページネーションは、独特のやり方をします。UrlFetch.fetchのオプション設定に、以下のような形で設定を用意するのです。

```
01  {
02    'page_size': データ数,
03    'start_cursor': 開始データのID
04  }
```

　'page_size'では、一度に取得するデータ数を整数で指定します。そして'start_cursor'では、どのデータから取り出すかをデータのIDで指定します。もし最初から取り出したければ、'start_cursor'は用意せず省略します。

　この「取り出すデータのIDを指定する」というやり方のため、まず'start_cursor'を付けずにデータを取り出し、それ以降は次のページを取り出す際に現在表示しているデータの最後のIDを'start_cursor'に指定して呼び出す、というやり方をしていきます。これで、次々とページ単位でデータが取り出されていきます。

　よく見ると、ページの最後のデータが次ページの最初に表示されているのに気がつくでしょう。これはNotionデータベースのページネーションがデータのIDを指定する方式になっている関係で「ページのデータを取り出すには、最初のデータのIDがわからないといけない」ためです。ページ分けした表示としては少し違和感を覚えるかもしれませんが、重複しないで表示させるにはもう少し複雑な処理をしないといけないため、ここでは簡単なやり方でページ分けをしています。

🔆 成績をページ単位で表示する

　では、実際にページ単位データを表示するサンプルを作ってみましょう。まずGoogleスプレッドシートに新しいシートを用意します。シート名は「成績ページ」としておきます。

図8-8-1　新しい「成績ページ」シートを用意する

続いて、スクリプトを用意します。Google Apps Scriptのエディターに以下の
コードを追記して下さい。

リスト8-8-1

```
01  function getSeisakiPage() {
02    const sheet = SpreadsheetApp.getActiveSpreadsheet().⊟
      getSheetByName('成績ページ');
03    const last_r = sheet.getDataRange().getLastRow();  ·························· 1
04    const last_id = sheet.getRange(last_r,5).getValue(); ··············
05    const page_num = 3; //ページのデータ数 ·········································· 2
06    let page_opts = {
07      'page_size':page_num,
08    }
09    if (last_id != ''){
10      page_opts = {
11        'page_size':page_num,
12        'start_cursor': last_id ················································· 3
13      }
14    }
15
16    const secret_key = '…シークレットトークン…'; // ☆
17    const db_id = '…データベースID…'; // ☆
18    const url = 'https://api.notion.com/v1/databases/' + db_id + '/query';
19
20    const opts = {
21      'method' : 'post',
22      'headers' : {
23        'Content-Type' : 'application/json; charset=UTF-8',
24        'Authorization': 'Bearer ' + secret_key,
25        'Notion-Version': '2022-02-22',
26      },
27      'payload': JSON.stringify(page_opts)
28    };
29
30    const result = UrlFetchApp.fetch(url, opts);
31    const obj = JSON.parse(result.getContentText());
32
33    const data = obj.results[0].properties;
34    const values = [['名前','国語','数学','英語','ID']];
35    for(let n in obj.results) {
36      let item = obj.results[n].properties;
37      try {
38        let val = [
39          item['名前'].title[0].plain_text,
40          item['国語'].number,
41          item['数学'].number,
42          item['英語'].number,
43          obj.results[n].id,
44        ];
```

```
45        values.push(val);
46      } catch(e) {
47        console.error(e);
48      }
49    }
50    sheet.getDataRange().clearContent();
51    const ranges = sheet.getRange(1,1, values.length,5);
52    ranges.setValues(values);
53  }
```

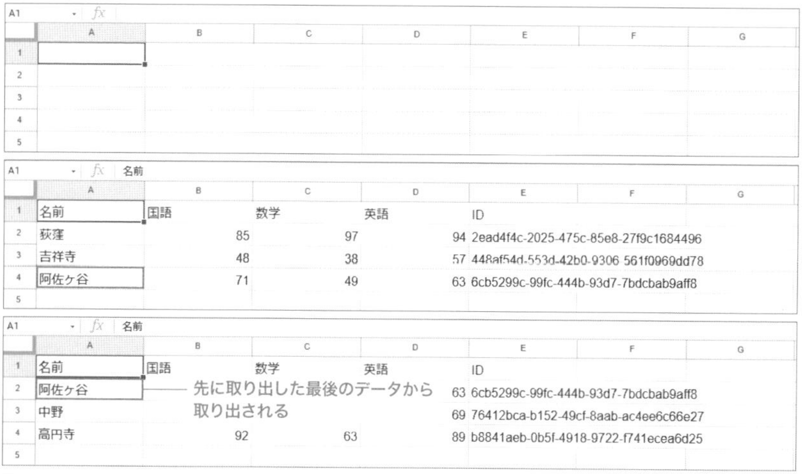

図8-8-2　シートに何もない状態（上）で実行すると、最初の3データが表示される（中）。再度実行すると、表示されている最後のデータから3つが取り出され表示される（下）

　シートに何もない状態で実行すると、最初の3つのデータが表示されます。そのまま再度実行すると、表示されている最後のデータから3つが表示されます。実行するたびに、「最後のデータから3つ分」が表示されていきます。

　一度に表示するデータの数は、**2**の定数page_numで設定しています。この値を10にすれば、一度に10データずつ取り出せるようになります。

最後のデータのIDを取り出す

　では、スクリプトのポイントを簡単に説明しましょう。ここでは、最後のデータのIDを以下のようにして定数に取り出しています（**1**）。

```
01  const last_r = sheet.getDataRange().getLastRow();
02  const last_id = sheet.getRange(last_r,5).getValue();
```

getLastRowというメソッドは、最後の行の行番号を返すものです。これで最後の行がわかったら、その5列目の値を取り出します。ここにデータのIDが保管されています。後は、ここにIDがあれば、'start_cursor'にその値を設定するだけです（**3**）。

```
01  let page_opts = {
02    'page_size':page_num,
03  }
04  if (last_id != ''){
05    page_opts = {
06      'page_size':page_num,
07      'start_cursor': last_id ·······························3
08    }
09  }
```

　これで、データがなければ、表示するデータ数を設定した'page_size'だけを、データがあれば'page_size'と'start_cursor'をまとめたオブジェクトpage_optsが用意されます。後は、このオブジェクトを'payload'に指定してfetchするだけです。

　Notionデータベースのページネーションは ID を使って次のデータを取得するため、次々とデータを取り出すのは簡単ですが、「前に戻る」のは少し複雑です。前のページの ID を調べてどこかに保管しておく必要があります。ちょっと癖のあるページネーション機能なので、どのようにすれば便利か、使い方をよく考えて利用しましょう。

ソートを指定しないときは何順で並ぶ？

　sorts を指定することで指定のプロパティを元にデータを並べることができますが、ではソートの指定をしていないときは、どういう順番で並んでいるのでしょうか。作成した順ではないし、何の順か分からなかったかもしれませんね。

　これは、得られたデータの内容を調べるとわかりますが、「ID順」に並んでいます。Notionデータベースでは、データごとに ID が割り当てられています。この ID は番号などではなくランダムなテキストで設定されています。このため、ID順に並べると何順だかわかりにくい並び方になってしまうのです。

Chapter 9

データの作成・更新・削除

この章のポイント
- Notion APIに送信するオブジェクトの作り方を理解しましょう
- データの作成・更新・削除の処理の違いをよく頭に入れましょう
- Googleスプレッドシートと連携してNotionを操作できるようになりましょう

01 データの作成

データベースの操作の基本は、一般に「CRUD」と呼ばれています。これは、以下の操作のイニシャルです。

Create ············ データの作成
Read ·············· データの取得
Update ············ データの更新
Delete ············ データの削除

前Chapterでは、データの取得（Read）について一通り説明を行いました。このChapterでは残る「Create」「Update」「Delete」といった操作について説明を行いましょう。

まずは、データの作成（Create）からです。Notionのデータベースでは、データは「ページ」として作成されます。ページの作成は、以下のURLにアクセスして行えます。

ページ作成URL

```
01  https://api.notion.com/v1/pages
```

このアドレスにPOSTアクセスしてデータの作成をします。アクセスの際には、送信データとして、追加先のデータベースの情報や追加するデータをまとめたものなどを用意します。UrlFetch.fetchのオプション設定として用意するオブジェクトの内容を整理すると以下のようになります。

オプション設定オブジェクト

```
01  {
02    'method' : 'post',
03    'headers' : ヘッダー情報,
04    'payload' : 追加データの情報
05    }
```

payloadに、追加するデータに関する情報をまとめたオブジェクトをJSONフォーマットのテキストに変換して指定します。このオブジェクトは、以下のような形で作成します。

追加データのオブジェクト

```
01  {
02    parent: {type:'database_id', database_id《データベースID》},
03    properties: {…追加するデータ…}
04  }
```

　parentは、そのオブジェクトが組み込まれる親オブジェクトを示します。ここにデータベースを指定することで、このオブジェクトはデータベースのデータとして追加されます。

　propertiesには、データの内容を記述します。これは、前ChapterでNotion APIでデータを取得した際に得られたデータのpropertiesと同じ形式で追加するデータを用意する、と考えていいでしょう。

　では、実際にデータを作成する処理を作ってみましょう。データの作成は、何らかの形で作成するデータの内容を用意しなければいけません。今回はGoogleスプレッドシートのシートを使い、そこに記入した値を元にデータを作成することにします。

　では、前Chapterでも使っていたGoogleスプレッドシートに新しいシートを追加して下さい。シート名は「成績追加」としておきます。

図9-2-1　Googleスプレッドシートに新しく「成績追加」シートを作る

　このシートに、データ入力用のフォームを作りましょう。左上のセル（A1）にフォームのタイトルを「※データ入力」としておき、その下（A2～A6）に以下のような形で項目名を記入しておきます。

```
01   名前
02   国語
03   数学
04   英語
05   生年月日
```

　これらはいずれもA列に項目名を表示し、B列に値を記入するようにします。罫線などを使って見やすくデザインしておきましょう。

図9-2-2　シートに入力用のフォームを用意する

03 成績追加のスクリプト

では、Google Apps Scriptのエディターを開き、「コード.gs」ファイルにスクリプトを作成しましょう。以下のスクリプトを追記して下さい。なお、例によって☆マークのsecret_keyとdb_idには、それぞれシークレットトークンとデータベースIDを指定して下さい。

リスト9-3-1

```
01  function addData() {
02    const secret_key = '…シークレットトークン…'; // ☆
03    const db_id = '…データベースID…'; // ☆
04
05    const sheet = SpreadsheetApp.getActiveSpreadsheet().⤶
        getSheetByName('成績追加'); ·······················································
06    const inputs_range = sheet.getRange(2, 2, 5, 1); ················⬛1
07    const inputs = inputs_range.getValues();
08    const birth = inputs[4][0];
09    birth.setHours(birth.getHours() + 9); ·····························⬛2
10    let record = {
11      parent: {type:'database_id', database_id: db_id},
12      properties: {
13        '名前': {title: [{text:{content:inputs[0][0]}}]}, ·············⬛3
14        '国語': {type: 'number', number: inputs[1][0]}, ··············⬛4
15        '数学': {type: 'number', number: inputs[2][0]},
16        '英語': {type: 'number', number: inputs[3][0]},
17        '生年月日' : {type: 'date', date: { ·······························
18          'start': birth.toISOString(), ·······························⬛5
19          'end': null, 'time_zone': null }}, ·······················
20      }
21    }
22
23    let url = 'https://api.notion.com/v1/pages';
24
25    let opts = {
26      'method' : 'post',
27      'headers' : {
28        'Content-Type' : 'application/json; charset=UTF-8',
29        'Content-Type': 'application/json',
30        'Authorization': 'Bearer ' + secret_key,
31        'Notion-Version': '2022-02-22',
32      },
33      'payload' : JSON.stringify(record),
34    };
35
36    UrlFetchApp.fetch(url, opts); ·····································⬛6
```

```
37    const ui = SpreadsheetApp.getUi(); ·······································7
38    ui.alert('データを追加しました。'); ·······································8
39    inputs_range.setValues([[''],[''],[''],[''],['']]);
40  }
```

　スクリプトの内容については後ほど説明します。今回は、「スクリプトを書けば終わり」ではありません。この後、もう少し作業が必要です。

ボタンを作成する

　今回は、シートにデータを記入してスクリプトを実行するので、いちいちシートとApps Scriptエディターを行ったり来たりするのは面倒ですね。そこで、シートにスクリプトを実行するボタンを用意することにします。

　スプレッドシートの「挿入」メニューから「図形描画」を選んで下さい。これはシートに簡単な図形を描いて追加するためのものです。

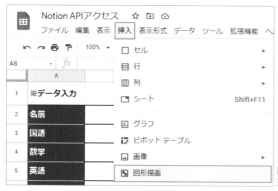

図9-3-1　「図形描画」メニューを選ぶ

　図形を描くパネルが現れるので、ここで簡単なボタンを作成しましょう。用意する図形はそれぞれ自由に描いて構いません。ボタンとして使うので、なるべくわかりやすい形にしておきましょう。

図9-3-2　ボタンの図形を作成する

作成したら、右上に「保存して終了」というボタンがあるので、これをクリックすればシートに図形が追加されます。後は位置や大きさなどを適当に調整して下さい。

図9-3-3　描いた図形がシートに追加された

ボタンにスクリプトを割り当てる

ボタンが用意できたら、これをクリックしてスクリプトを実行するように設定をします。シートに配置した図形を選択し、右上に見える ••• をクリックします。メニューがポップアップして現れるので、そこから「スクリプトを割り当て」を選んで下さい。

割り当てるスクリプトを設定するダイアログが現れるので、先ほど記述した関数「addData」と記入しOKします。これで図形がボタンとして働くようになります。このボタンをクリックするとaddData関数が実行されるようになります。

図9-3-4　「：」をクリックし「スクリプトを割り当て」メニューを選び（左）、addDataと記入（右）

データの追加を行おう

では、作成したスクリプトを使って成績データベースにデータを追加してみましょう。「成績追加」シートに用意したフォームにデータを記入して下さい。注意してほしいのは生年月日です。これは「2000-12-24」というように年月日をハイフンでつなげて記述します。

すべて記入したらボタンとして作成した図形をクリックします。スクリプトが実行され、問題なければ「データを追加しました。」というアラートが表示されます。

図9-3-5　フォームに値を記入しボタンをクリックすると（左）スクリプトが実行される（右）

　実行したら、Notionにアクセスして「成績」データベースを確認しましょう。フォームに入力した値が新しいデータとして追加されています。

Aa 名前	● タグ	# 国語	# 数学	# 英語	☐ 生年月日	Σ プロパティ
中野		73	85	69	2020年4月22日	1歳
高円寺		92	63	89	2012年2月21日	10歳
阿佐ヶ谷		71	49	63	2001年12月6日	20歳
荻窪		85	97	94	2009年10月24日	12歳
吉祥寺		48	38	57	1998年8月14日	23歳
新メンバー		99	88	77	2000年12月21日 午前 12:00	21歳

（上部メニュー）田 Show All ＋ ビューを追加 ／ フィルター 並...

図9-3-6　「成績」データベースにデータが追加されている

 日時の表示について

　なお、追加されたデータを見ると、生年月日の値が年月日だけでなく時間まで表示されているのに気がついたかもしれません。

　これは、追加したデータの問題ではなく、それを表示するビュー側の問題です。プロパティの種類が「日時」のプロパティは、値をクリックすると設定の画面が現れ、そこで「時間を含む」をOFFにすることで年月日だけを表示できます。

　これは、あくまで「ビューの表示の問題」なのです。データ自体は、ただ日時の値があるだけであり、時間を表示するかどうかなどの設定情報はありません。したがって、時刻の表示を消したいときは、値をクリックし、手動で「時間を含む」をOFFにして下さい。

図9-3-7　生年月日の値をクリックし、「時間を含む」をOFFにすると日付の表示だけになる

04 データ作成処理の流れ

では、リスト9-3-1の処理の流れがどうなっているのか見ていきましょう。まずに、入力したデータをシートから取り出します（**1**）。

```
01  const sheet = SpreadsheetApp.getActiveSpreadsheet().⏎
    getSheetByName('成績追加');
02  const inputs_range = sheet.getRange(2, 2, 5, 1);
03  const inputs = inputs_range.getValues();
```

ここでは「成績追加」シートのB列の2〜6行の範囲をレンジとして取り出し、その値を inputs 定数に取り出しています。この inputs から値を取り出して新しいデータを用意するのですが、注意したいのが生年月日の日時の値です。日時の値は、Notion では UTC（世界協定時）で保管されているので、これに合わせた形でDate オブジェクトを作成します。

```
01  const birth = inputs[4][0];
02  birth.setHours(birth.getHours() + 9); ·················· 2
```

プロパティの種類が日時になっていると、Notion API経由で得られる値はすでにDate オブジェクトの形になっています。その時刻の値に時差の値である9を足すことで、入力した値がUTCの日時となるように調整します（**2**）。

必要な値が用意できたら、作成するデータの値をオブジェクトにまとめます。

```
01  let record = {
02    parent: {type:'database_id', database_id: db_id},
03    properties: {
04      '名前': {title: [{text:{content:inputs[0][0]}}]}, ··············· 3
05      '国語': {type: 'number', number: inputs[1][0]}, ··············· 4
06      '数学': {type: 'number', number: inputs[2][0]},
07      '英語': {type: 'number', number: inputs[3][0]},
08      '生年月日' : {type: 'date', date: { ··············
09        'start': birth.toISOString(),              ······ 5
10        'end': null, 'time_zone': null }},  ··············
11    }
12  }
```

オブジェクトには、parent と properties という値を用意します。parent に

はデータベースの情報を用意し、properties には保管する値をまとめます。

　用意する各プロパティの値は、テキストや数値については簡単でしょう。type を指定し、種類名の項目に値を用意するだけですから。例えば国語の値を見ると、{type: 'number', number: inputs[1][0]} というようになっていますね（**4**）。{type: 'number', number: 〇〇} という形で number の値を用意しているのがわかります。

　number: の値には、inputs[1][0] という値がありますが、これは「値を入力するレンジの2行目の値」を示しています。リスト 9-3-1 の7行目ではデータ入力したセルの値を inputs_range.getValues() で取り出していますが、これで各行の値の配列をさらに配列にした2次元配列の形でレンジの値が得られます。inputs[1][0] というのは、「レンジから取り出した値の2行目の最初の値」になります（[1] は配列の2番目の値で、[0] は取り出した配列の最初の値）。

　わかりにくいのは、title の値です。Notion のオブジェクトには必ず title の値が用意されますが、これは title という項目に {text:{content: 値}} というオブジェクトを配列にして渡す必要があります。値に指定している inputs[0][0] は、レンジから取り出した2次元配列の1行目の最初の値を示します（**3**）。

　また日時の値も注意が必要なものの一つでしょう。これは UTC で設定された値を ISO 形式のテキストにしたものを指定する必要があります。Date オブジェクトの「toISOString」というメソッドを使えば、ISO 形式のテキストが得られます（**5**）。

　データが用意できたら、UrlFetch.fetch を使ってそれを Notion API に送信します（**6**）。データの作成は、サーバーから結果のデータを受け取る必要は特にないため、ただメソッドを呼び出すだけです。

💡 Ui によるアラートの表示

　最後に、「データを追加しました。」というアラートを表示します。これは、スプレッドシートのアプリにある「getUi」というメソッドを利用します（**7**）。

```
01  const ui = SpreadsheetApp.getUi();
```

　これで得られるのは、「Ui」というオブジェクトです。これは、さまざまなユーザーインターフェースを提供するためのものです。ここでは、アラートの表示を行っています（**8**）。

```
01  ui.alert('データを追加しました。');
```

　Uiオブジェクトの「alert」を呼び出せば、Googleスプレッドシートの画面に
アラートが表示されます。これは、スプレッドシートでちょっとしたメッセージな
どを表示するのにとても重宝する機能です。ぜひここで覚えておきましょう。

05 更新データの取得

　続いて、データの更新（Update）の処理です。更新の処理は、作成のように「データを送信して終わり」といった単純なものではありません。

　まず、どのデータを更新するのかがわからないといけません。そしてもちろん、編集したデータを送って更新する処理も必要です。多くの場合、更新処理は以下のような流れで行うことになるでしょう。

・まず、更新したいデータを検索し、その内容を表示する。
・表示された内容を編集し書き換える。
・更新されたデータを送信して更新処理を行う。

　つまり更新するためには、事前に「更新するデータ」を取り出し、編集できるようにしておく必要があるわけです。実際の更新作業はその後行うわけですね。

データ取得のフィルター

　まずは「更新するデータの取得」から考えましょう。これはクエリー検索を使って簡単に行えます。

　データを取り出す場合、今回の例で言えば「名前で検索する」というのが一番でしょう。「成績」データベースでは、titleとして用意されていたプロパティを「名前」として使っています。この名前を指定してデータを取り出すには、フィルター設定を以下のように用意する必要があります。

```
01  'filter': {
02    'property': '名前',
03    'rich_text': {
04      'equals': 検索する名前
05    }
06  }
```

　名前は値の種類が「rich_text」になります。検索条件として'equals'を使って値を指定します。

　この値をオプション設定オブジェクトの'payload'に指定すれば、名前でデータを検索し取り出せるでしょう。

06 更新シートを作る

では、Googleスプレッドシートに切り替え、新しいシートを作成しましょう。今回は「成績更新」という名前でシートを用意します。

図9-6-1 「成績更新」シートを作成する

シートに、更新用のフォームを用意しましょう。先ほどのデータ作成用のフォームと同じように、A列の2行目から「名前」「国語」「数学」「英語」「生年月日」といった項目を用意し、その隣のB列に値を記入する欄を用意します。さらにフォームの下のA7セルに、取得したデータのIDを保管する欄を用意しておきます。

図9-6-2 データ更新用のフォームを作成する

ボタンを追加する

続いて、スクリプト実行用のボタンを作ります。これは、先ほどデータの作成で行ったのと同様に、「挿入」メニューから「図形描画」を選び、図形として用意します。図形を追加したら、その ••• をクリックして「スクリプトの割り当て」メニューを選び、「getData」と関数名を指定して下さい。

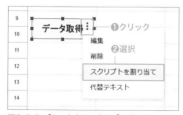

図9-6-3 「:」をクリックし「スクリプトの割り当て」メニューを選び（左）、getDataと記入（右）

データの取得スクリプト

では、スクリプトエディターを開いて、「getData」関数を作成しましょう。以下のようにコードを追記して下さい。

リスト9-6-1

```
01  function getData() {
02    const secret_key = '…シークレットトークン…'; // ☆
03    const db_id = '…データベースID…'; // ☆
04
05    const sheet = SpreadsheetApp.getActiveSpreadsheet().☐
      getSheetByName('成績更新');
06    const find_str = sheet.getRange(2, 2).getValue();
07
08    const url = 'https://api.notion.com/v1/databases/' + db_id + '/query';
09
10    const opts = {
11      'method' : 'post',
12      'headers' : {
13        'Content-Type' : 'application/json; charset=UTF-8',
14        'Authorization': 'Bearer ' + secret_key,
15        'Notion-Version': '2022-02-22',
16      },
17      'payload': JSON.stringify({
18        'filter': {
19          'property': '名前',
20          'rich_text': {
21            'equals': find_str
22          }
23        },
24      })
25    };
26
27    const result = UrlFetchApp.fetch(url, opts);
28    const res = JSON.parse(result.getContentText()).results;
29    const obj = res[0].properties;
30    const res_data = [
31      [obj['国語'].number],
32      [obj['数学'].number],
33      [obj['英語'].number],
34      [obj['生年月日'].date['start']]
35    ]
36    sheet.getRange(3,2,4,1).setValues(res_data);
37    sheet.getRange(7,1).setValue(res[0].id);
38    const ui = SpreadsheetApp.getUi();
39    ui.alert('データを取得しました。');
40  }
```

図9-6-4　名前を記入してボタンを押すと、その名前のデータを取得し表示する

　記述できたら、実際に動かしてみましょう。まず「名前」の欄に、更新したい名前を記入しボタンを押します。するとNotion APIを使ってデータを取得し、フォームに表示します（図9-6-4）。フォームの下にIDも取得しましたが、これは次節で使用します。

　ここで作成したスクリプトは、基本的にはすでに作成した処理の組み合わせです。スプレッドシートから入力した名前の値を取り出し、それを使ってfilterオブジェクトを用意してUrlFetch.fetchを実行し、得られたデータから値を取り出してシートに表示します。いずれも部分部分はすでに作ったことのある処理ですから、よく読めばどんなことをやっているのかわかるでしょう。

では、取り出したデータの更新処理を作成しましょう。データの更新は、以下の
URLにアクセスをして行います。

データの更新URL

```
01  https://api.notion.com/v1/pages/《ページID》
```

何度も触れますが、データベースのデータは、Notion内部では「ページ」のオブ
ジェクトになっています。ですから更新作業は、「指定のIDのページを操作する」
ということになります。

これは上記のように、/pages/の後に更新するページのIDを指定してアクセス
をします。先ほどデータを取得するスクリプトを作成したとき、データのIDをA7
セルに保存していましたね（図9-6-4）。これを利用して、このデータの更新を行え
ばいいのです。

更新処理を行う場合、アクセスに使うHTTPメソッドには「patch」というもの
を使います。getやpostではうまく動かないので注意しましょう。そして
UrlFetch.fetchに指定するオプション設定のオブジェクトで、payloadに更新
するデータの情報を用意して送信すればいいのです。

💡 更新ボタンの用意

では、更新を行うためのボタンをシートに用意しましょう。「成績更新」シート
に、新しい図形を作成して下さい。そして ••• をクリックし、「スクリプトを割り当
て」メニューを選んで「updateData」という関数名を設定しておきましょう。

図9-7-1　図形を作成し（左）、「updateData」とスクリプトを割り当てる（右）

データ更新のスクリプト

　では、データを更新する処理を用意しましょう。スクリプトエディターに以下の
updateData関数を追記して下さい。

リスト9-7-1

```
01  function updateData() {
02    const secret_key = '…シークレットトークン…'; // ☆
03    const db_id = '…データベースID…'; // ☆
04
05    const sheet = SpreadsheetApp.getActiveSpreadsheet().⤵
      getSheetByName('成績更新');
06    const page_id = sheet.getRange(7, 1).getValue(); ·····························1
07    const inputs_range = sheet.getRange(2, 2, 5, 1);
08    const inputs = inputs_range.getValues();
09    const birth = inputs[4][0];
10    birth.setHours(birth.getHours() + 9);
11    let record = {
12      parent: {type:'database_id', database_id: db_id}, ··············2
13      properties: { ······················································
14        '名前': {title: [{text:{content:inputs[0][0]}}]},
15        '国語': {type: 'number', number: inputs[1][0]},
16        '数学': {type: 'number', number: inputs[2][0]},
17        '英語': {type: 'number', number: inputs[3][0]}, ···········3
18        '生年月日' : {type: 'date', date: {
19          'start': birth.toISOString(),
20          'end' : null, 'time_zone' : null }},
21      } ························································
22    }
23
24    const url = 'https://api.notion.com/v1/pages/' + page_id; ···········4
25
26    const opts = {
27      'method' : 'patch', ·······································5
28      'headers' : {
29        'Content-Type' : 'application/json; charset=UTF-8',
30        'Authorization': 'Bearer ' + secret_key,
31        'Notion-Version': '2022-02-22',
32      },
33      'payload' : JSON.stringify(record), ··············6
34    };
35
36    UrlFetchApp.fetch(url, opts);
37    const ui = SpreadsheetApp.getUi();
38    ui.alert('データを更新しました。');
39  }
```

図9-7-2　フォームの値を書き換え、更新のボタンを押すと（左）データが更新される（右）

では動作を確かめましょう。「成績更新」シートのフォームに書き出された値を変更し、更新のボタンをクリックして下さい。updateData関数が実行され、データが更新されます。実行したら、Notionに切り替えて「成績」データベースのデータが変更されているのを確かめましょう。

Aa 名前	● タグ	# 国語	# 数学	# 英語	🗓 生年月日	Σ プロパティ
中野		73	85	69	2020年4月22日	1歳
高円寺		92	63	89	2012年2月21日	10歳
阿佐ヶ谷		71	49	63	2001年12月6日	20歳
荻窪		85	97	94	2009年10月24日	12歳
吉祥寺		99	99	99	1999年9月8日 午後 3:00 (UTC)	22歳

図9-7-3　Notionの「成績」データベースでデータが更新されたのを確認する

更新処理の流れ

処理の基本は、データの作成とだいたい同じです。違いは、アクセスするURLとHTTPメソッドぐらいでしょう。

まず、スプレッドシートからデータを取得し、それを元に更新するデータのオブジェクトをrecordとして作成します。

```
01  let record = {
02    parent: {type:'database_id', database_id: db_id},·························2
03    properties: {·····································································
04      '名前': {title: [{text:{content:inputs[0][0]}}]},
05      '国語': {type: 'number', number: inputs[1][0]},····················3
06      '数学': {type: 'number', number: inputs[2][0]},
```

```
07      '英語': {type: 'number', number: inputs[3][0]},
08      '生年月日' : {type: 'date', date: {
09          'start': birth.toISOString(),
10          'end' : null, 'time_zone' : null }},
11    }
12  }
```

parentには、データベース情報を用意します（**2**）。そしてpropertiesに保存するデータの内容を用意します（**3**）。このオブジェクトの構造は、addData関数で作成したのと同じものですね。

データが用意できたら、アクセスするURLと、オプション設定のオブジェクトを用意します（**4**）。

```
01  const url = 'https://api.notion.com/v1/pages/' + page_id;
```

URLは、sheet.getRange(7, 1).getValue()で取得したページのID（**1**）を末尾につけて用意します。オノション設定は、以下のような形になります。

```
01  const opts = {
02    'method' : 'patch',                                          5
03    'headers' : {
04      'Content-Type' : 'application/json; charset=UTF-8',
05      'Authorization': 'Bearer ' + secret_key,
06      'Notion-Version': '2022-02-22',
07    },
08    'payload' : JSON.stringify(record),                          6
09  };
```

HTTPメソッドは、'method' : 'patch'としているという点を忘れないようにして下さい（**5**）。また'payload'については、先ほど用意したrecordをJSONフォーマットのテキストに変換して指定しています（**6**）。

後は、UrlFetch.fetchで送信するだけです。データの更新は、データの作成とほとんど違いがないことがよくわかるでしょう。違うのはURLと、使用するHTTPメソッドだけです。

なお、ここでは更新する項目として名前・各教科・生年月日と一通りのものを用意しましたが、データを更新するのにすべての項目を用意する必要はありません。値を更新したいプロパティの値だけを用意すれば、その項目だけ更新します。用意されていない項目については何も変更されません。

08 データを削除する

残るは、データの削除ですね。データの削除も、実をいえばデータの更新とやることはほぼ同じです。アクセスするURLも、使用するHTTPメソッドも同じなのです。では、一体何が違うのか？ それは、payloadで送信するボディの内容です。データの削除は、以下のような形で送信データを用意します。

データ削除の送信データ

```
01  {
02    parent: {type:'database_id', database_id:《データベースID》},
03    archived: true,
04  }
```

parentで所属するデータベースを指定し、「archived」という値を用意します。これは、データのアーカイブを示すもので、これをtrueにすることでそのデータがアーカイブされます。データをアーカイブすることが、データベースにおける「データの削除」なのです。

💡 削除用ボタンの作成

では、削除の処理を実装しましょう。「成績更新」シートで、「挿入」メニューから「図形の描画」を選び、ボタンの図形をシートに追加して下さい。そして作成した図形の ••• をクリックし、「スクリプトを割り当て」メニューを選んで「deleteData」と関数名を入力しておきます。

図9-8-1　図形を追加し（左）「スクリプトを割り当て」メニューで「deleteData」と記入する（右）

削除のスクリプトを作成する

　では、削除の処理を作成しましょう。Google Apps Scriptのエディターで、以下の「deleteData」関数を追記して下さい。

リスト9-8-1

```
01  function deleteData() {
02    const secret_key = '…シークレットトークン…'; // ☆
03    const db_id = '…データベースID…'; // ☆
04
05    const sheet = SpreadsheetApp.getActiveSpreadsheet().⏎
      getSheetByName('成績更新');
06    const page_id = sheet.getRange(7, 1).getValue();
07    const url = 'https://api.notion.com/v1/pages/' + page_id;
08
09    const body = {
10      parent: {type:'database_id', database_id: db_id}, ························1
11      archived: true, ····················································2
12    }
13
14    const opts = {
15      'method' : 'patch',
16      'headers' : {
17        'Content-Type' : 'application/json; charset=UTF-8',
18        'Authorization': 'Bearer ' + secret_key,
19        'Notion-Version': '2022-02-22',
20      },
21      'payload': JSON.stringify(body)
22    };
23
24    UrlFetchApp.fetch(url, opts);
25    const ui = SpreadsheetApp.getUi();
26    ui.alert('データを削除しました。');
27  }
```

図9-8-2　「成績更新」のフォームにデータを表示し、削除のボタンを押すと（左）、表示されているデータを削除する（右）

これは、「成績更新」シートで表示されているデータを削除するものです。フォームに名前を記入し、データの取得を行うボタンをクリックしてデータをフォームに表示して下さい。そして、今回作成した削除のボタンをクリックすると、表示されているデータを削除します。

実行したら、Notionに表示を切り替え、「成績」データベースを確認しましょう。削除した項目がデータベースから消えているのがわかります。

⊞ Show All ＋ ビューを追加					
Aa 名前	○ タグ	＃ 国語	＃ 数学	＃ 英語	🗓 生年月日	Σ プロパティ
中野		73	85	69	2020年4月22日	1歳
高円寺		92	63	89	2012年2月21日	10歳
阿佐ヶ谷		71	49	63	2001年12月6日	20歳
荻窪		85	97	94	2009年10月24日	12歳
吉祥寺		99	99	99	1999年9月8日 午後 3:00 (UTC)	22歳
新メンバー		99	88	77	2000年12月21日 午前 12:00 (U˜	21歳
＋ 新規						

中野		73	85	69	2020年4月22日	1歳
高円寺		92	63	89	2012年2月21日	10歳
阿佐ヶ谷		71	49	63	2001年12月6日	20歳
荻窪		85	97	94	2009年10月24日	12歳
吉祥寺		99	99	99	1999年9月8日 午後 3:00 (UTC)	22歳
＋ 新規						

図9-8-3　スクリプト実行前（上）と実行後（下）のデータ。削除したデータが消えているのがわかる

💡 削除したデータはどこにある？

では、削除したデータはどうなっているのでしょうか。これは、Notionの左側にあるサイドパネルから「ゴミ箱」をクリックするとわかります。四角いパネルがポップアップして現れ、ゴミ箱に移動されたデータがリスト表示されます。ここに、削除したデータも保管されているのがわかります。

データの削除は、このようにデータを「ゴミ箱」に移動するものです。完全に消してしまうわけではないので、誤って削除しても後でゴミ箱から戻すことができます。

図9-8-4　ゴミ箱に、削除したデータが移動している

削除のためのオブジェクト

　では、削除の処理を見てみましょう。ここではNotion APIに送信するデータの
ボディ部分として以下のようなものを用意しています。

```
01  const body = {
02    parent: {type:'database_id', database_id: db_id}, ························ 1
03    archived: true, ······························································· 2
04  }
```

　parentには、データが追加されているデータベースの情報を用意します（1）。
そして、archived: trueを用意します。必要なものはこれだけです（2）。
　後は、これをJSONフォーマットのテキストにしたものをpayloadに指定して
patchアクセスするだけです。やっていることはデータの更新と同じですから、だ
いたいわかることでしょう。

Chapter 9

09 覚えるべき処理は、実は2つだけ？

　以上、データのCRUDについて一通り説明をしました。結構長いスクリプトをいくつも作成したので難しそうに感じたかもしれません。しかし、実をいえばNotion APIを使ったデータのCRUDは、非常に単純なのです。覚えるべき処理は、2つしかありません。

●データの取得

　データベースからデータを取得する処理。これは前Chapterで詳しく説明しましたね。このChapterでも、入力した名前を元にデータを取得する、という処理（getData）を作成したりしました。

●データの作成／更新／削除

　残る処理（作成、更新、削除）は、実はやっていることはほぼ同じです。データオブジェクトを用意し、指定のURLにアクセスすればデータが変更される、というだけです。

　データを追加する場合は、/pagesというURLにpostアクセスし、更新や削除は/pages/の後にデータのIDを付け、patchアクセスする、という程度の違いしかありません。

　この「URLの違い」「使用するHTTPメソッドの違い」さえわかっていれば、作成・更新・削除はすべて同じような処理で実行できます。

　データのCRUDが一通りできるようになれば、Notionのデータベースを本格的に活用できるようになります。まずは、Google Apps Scriptでこれらを行えるようになりましょう。

　Google Apps Scriptは、GoogleスプレッドシートやGoogleドキュメント、GmailやGoogleカレンダーなどさまざまなGoogleのサービスで利用できます。NotionのデータベースとこれらのGoogleサービスを連携することができるようになれば、Notionの用途も格段に広がるでしょう。

Chapter **10**

PythonからNotion APIを
利用しよう

この章のポイント
- Pythonのrequestsで Notion APIにアクセスする方法を学びましょう
- 取得したJSONデータの扱い方をマスターしましょう
- Notion-clientライブラリによるAPIアクセスを覚えましょう

01 Pythonで Notion APIを利用する

　Chapter 7〜9で、Google Apps Scriptを使ったNotion APIの利用について説明を行いました。Notion APIは、Notion側に用意されているサーバーのURLに指定の情報を用意してアクセスすれば使える、ということもわかったことでしょう。

　ということは、「HTTPでサーバーにアクセスする」ということさえできれば、Google Apps Scriptに限らず、どのようなプログラミング言語でも利用できることになります。そこで現在幅広く利用されているプログラミング言語として「Python」と「JavaScript」からNotion APIを利用する方法について説明しましょう。

🔅 PythonとGoogle Colaboratory

　では、PythonからNotion APIを利用する方法から説明しましょう。Pythonには、HTTPアクセスするための機能が標準ライブラリとして用意されています。またより快適にNotion APIを利用するためのライブラリなどもいくつか公開されています。こうしたものを使えば、PythonからNotionのデータを利用できるようになります。

　Pythonのコードを実行するためには、Pythonのプログラミング環境を整えなければいけません。しかし、パソコンにプログラミング言語をインストールし、開発のためのツールを用意し……となると、けっこう大変です。またWindowsやmacOSでは作業も異なりますし、Chromebookはどうするのか？　といったことで悩む人も出てくるでしょう。

　そこで、今回はパソコンに一切ソフトをインストールしないで使えるPythonの環境を利用することにします。それは「Google Colaboratory（以下、Colaboratoryと略）」というもので、WebブラウザからアクセスするだけでPythonのコードを記述し、実行することができます。

　では、実際にColaboratoryにアクセスしてみましょう。Webブラウザから、以下のURLにアクセスをして下さい。

https://colab.research.google.com/

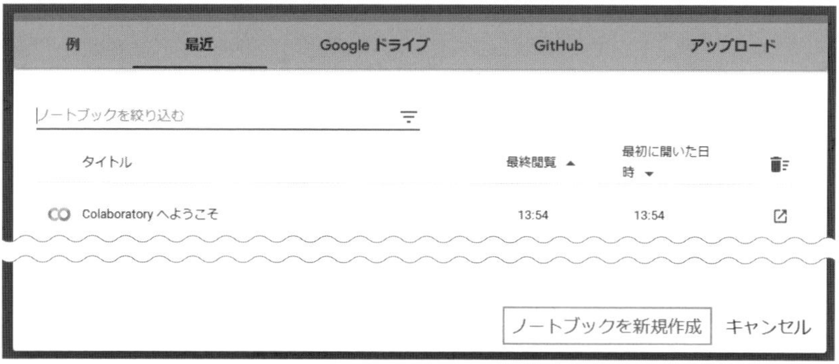

図10-1-1　Colaboratoryにアクセスすると、最初にノートブック作成のパネルが表示される

　アクセスをすると、このようなパネルが画面に表示されます。これは、「ノートブック」と呼ばれる、Colaboratoryのファイルを開くためのものです。初めてアクセスしたときはまだノートブックはないので、新しく作りましょう。パネル下部の「ノートブックを新規作成」というリンクをクリックして下さい。これでノートブックが作られます。

　なお、Googleアカウントにログインしていない状態でアクセスすると、「Colaboratoryへようこそ」というサンプルノートブックが表示されます。このようなときは、右上の「ログイン」ボタンをクリックし、Googleアカウントでログインして下さい。これで新しいノートブックを作成できるようになります。

図10-1-2　ログインしていないときは、右上の「ログイン」ボタンでログインする

💡 Colaboratoryの画面

　ノートブックが作成され開かれると、画面の表示が変わります。上部にメニューが並び、左側にはアイコンが縦に並んだバーがあり、中央のエリアには横長のパネルのようなものが表示されています。これがColaboratoryの基本画面です。新しいノートブックが開かれたら、まず上部に見えるファイル名の表示（デフォルトで「Untitled1.ipynb」と設定されています）をクリックして、わかりやすい名前を入力しておきましょう。

　本書はColaboratoryの解説書ではないので、あまり詳しい使い方は説明しません。コードの書き方と、書いたコードの実行方法だけ知っていれば、とりあえずColaboratoryは使うことができます。

● コードの書き方
　中央のエリアに見えている四角いグレーのパネル（「セル」と呼ばれます）が、コードを編集するエリアです。ここをクリックしてコードを記述できます。

● セルの作成
　エディターとして使われる「セル」には2つの種類があります。コードを記述する「コード」セルと、テキストを記述する「テキスト」セルです。これは、画面の上部にある「＋コード」「＋テキスト」という表示をクリックすることで新しく作ることができます。

● セルの実行
　Pythonのコードはセルごとに記述し実行できます。コードセルの左側には、「セルを実行」というボタン（再生アイコンが表示されたもの）があります。これをクリックするだけで、そのセルのコードを実行します。

　「コードセルを作る」「コードを書く」「コードを実行する」、この3つさえできれば、Colaboratoryは使えます。

図10-1-3　Colaboratoryのノートブック。セルにコードを書いて実行する

 コードを実行してみよう

では、実際にPythonのコードを書いて動かしてみましょう。デフォルトで用意されているセルをクリックし、そこに以下のように記述をして下さい。

リスト10-1-1

```
01  print("Hello!")
```

図10-1-4　コードセルにPython
のコードを書く

記述したら、セルの左側にある「セルを実行」ボタン ▶ をクリックして下さい。記述したコードが実行され、セルの下に「Hello!」とテキストが表示されます。

コードセルは、このように実行するとその結果をセルの下部に出力することができます。とりあえず、これで「Pythonのコードを書いて動かす」ということはできるようになりました！

なお、本書では、Pythonという言語についての説明は特に行いません。PythonでNotion APIを利用する方法についてのみ説明をしますので、それ以外については別途学習して下さい。

（※Colaboratoryを使ったPythonの学習書として『ブラウザだけで学べる シゴトで役立つやさしいPython入門』（マイナビ出版）という入門書を出版しています。参考にして下さい）

図10-1-5　実行すると、セルの下
に「Hello!」と表示される

02 requestsライブラリで アクセスする

では、PythonによるNotion APIの利用について説明しましょう。Pythonには、指定のURLにアクセスしてデータなどを取得するためのライブラリがいろいろと用意されています。標準ライブラリにもそうした機能はあるのですが、Pythonの開発元はこれの利用を推奨していません。その強化版である「requests」というライブラリの利用を推奨しています。

Colaboratoryには標準でrequestsライブラリが組み込まれていますので、インストール作業などを行うことなく、すぐに使うことができます。

ライブラリのインポート

```
01  import requests
```

requestsライブラリを使うには、冒頭でimport文を使い、requestsをインポートしておきます。これでrequestsが使えるようになります。

HTTPメソッドでアクセスする

```
01  変数 = requests.get(《URL》)
02  変数 = requests.post(《URL》)
03  変数 = requests.patch(《URL》)
```

それぞれHTTPメソッドのGET、POST、PATCHを使って指定のURLにアクセスするためのものです。引数にはURLのテキストを指定します。その他、以下のような引数をオプションとして追加することができます。

主なオプションの引数

引数の指定	指定できる内容
headers=辞書	ヘッダー情報の指定
data=辞書	ボディコンテンツの指定
params=辞書	クエリー文字列の指定

requestsには、このようにHTTPメソッドを使ってアクセスするための機能が一通り用意されています。Notion APIを利用するには、get、post、patchといったメソッドを知っていれば十分でしょう。

ヘッダー情報の辞書

アクセスの基本として、データベースのデータを取得する例を考えてみましょう。この場合、アクセスに必要な情報はヘッダー情報として用意することになります。これはPythonでは「辞書」として用意します。「辞書」というのは、配列と同じように多数の値をまとめて扱う特別な値です。ただし配列と違い、番号ではなく名前（通常はテキスト）を使って値を管理します。

データ取得のヘッダー情報
```
01  {
02    'Content-Type' : 'application/json; charset=UTF-8',
03    'Authorization': 'Bearer ' +《シークレットトークン》,
04    'Notion-Version': '2022-02-22'
05  }
```

これを requests.post に「headers」という引数に設定して呼び出せば、アクセスして結果を受け取ることができます。

実行結果を得る

実行結果は、「Response」というオブジェクトとして返されます。このResponseには「text」というプロパティがあり、ここに返送されたテキストコンテンツが保管されています。

取り出された値はJSONフォーマットのテキストになっていますから、これを「json」ライブラリの機能を使ってPythonのオブジェクトに変換します。

（jsonを利用するには、冒頭に「import json」を用意する必要があります）

サーバーからのコンテンツを取得する
```
01  json.loads(《Response》.text)
```

これで、request.post でNotion APIから返送されたデータをPythonのオブジェクトとして取り出すことができました。後は、ここから必要な情報を探して利用すればいいのです。

「成績」データベースのデータにアクセスする

実際にPythonのコードを書いて、Notion APIにアクセスしてみましょう。

上部の「＋コード」をクリックして新しいコードセルを作成して下さい。あるいは、先程使ったセルの下部にマウスポインタを移動すると、やはり「＋コード」とボタンが表示されるので、これをクリックしてもOKです。

図10-2-1 「＋コード」をクリックして、新しいコードセルを作成する

requestsによるアクセス

作成したセルにコードを記述します。今回は、「成績」データベースからデータを取得する処理をPythonで作ってみます。以下のようにコードを記述して下さい。

リスト10-2-1

```
01  import requests
02  import json
03
04  secret_key = '…シークレットトークン…' #☆
05  db_id = '…データベースID…' #☆
06  url = 'https://api.notion.com/v1/databases/' + db_id + '/query'
07
08  opts = {
09    'Content-Type' : 'application/json; charset=UTF-8',
10    'Authorization': 'Bearer ' + secret_key,
11    'Notion-Version': '2022-02-22'
12  }
13
14  resp = requests.post(url, headers=opts) ·····························■
15  resp_data = json.loads(resp.text) ·····································■
16  resp_data
```

```
'id': 'Wm%5Cp',
'type': 'formula'],
'名前': {'id': 'title',
 'title': [[{'annotations': {'bold': False,
   'code': False,
   'color': 'default',
   'italic': False,
   'strikethrough': False,
   'underline': False],
  'href': None,
  'plain_text': '中野',
  'text': {'content': '中野', 'link': None],
  'type': 'text'}],
 'type': 'title'},
'国語': {'id': 'LX7DIc', 'number': 73, 'type': 'number'},
'数字': {'id': 'UuLY', 'number': 85, 'type': 'number'},
'生年月日': {'date': {'end': None, 'start': '2020-04-22', 'time_zone': None],
 'id': 'IF%3FT',
 'type': 'date'},
'英語': {'id': '%3FPTg', 'number': 69, 'type': 'number'}],
'url': 'https://www.notion.so/76412bcab15249cf8aabac4ee6c66e27'}.
```

図10-2-2　実行すると、Notion APIからの返送結果がセルの下に出力される

　記述したら、セル左側の「セルを実行」ボタン ▶ をクリックし、セルのコードを実行しましょう。問題なくNotion APIにアクセスできたなら、セルの下部に取得したデータの内容が出力されます。相当な長さになるので何がどうなっているのかよくわからないと思いますが、とにかく「Notionのサーバーから必要な情報が取り出せた」ということは確認できました。

取得したJSONデータの扱い

　ここでは、URLを変数として用意した後、オプション設定の情報を辞書として用意しています。そしてrequests.postでアクセスを行います。

```
01  resp = requests.post(url, headers=opts)
```

　headers引数に、用意しておいた変数optsを指定して実行します（■）。これでdb_idで指定したデータベースのデータを取得した結果が得られます。ただし、postで返されるのはデータそのものではなくResponseオブジェクトなので、ここからデータを取り出します。

```
01  resp_data = json.loads(resp.text)
```

　Responseのtextプロパティでサーバーから送られてきたテキストコンテンツを取り出し、これをjson.loadsでオブジェクトに変換します（②）。これでサーバーからの戻り値がオブジェクトとして利用できるようになりました。
　ここまでの部分が、Pythonのrequestsを利用してNotion APIにアクセスする最も基本的な処理と考えていいでしょう。

では、取り出したデータから必要な情報を取り出してみましょう。すでにGoogle Apps Scriptを使ってNtion APIからさまざまなデータを取り出してきました。そこで、取り出したデータがどのような構造になっているか、説明をしてきましたね。

Pythonだろうとなんの言語だろうと、アクセスして得られるデータは同じものです。したがって、取り出したデータがどのような構造になっていてどんな値が保管されているか、すでに皆さんは知っているはずなのです。

では、取り出したデータから各プロパティの値を出力してみましょう。上部の「＋コード」をクリックして新しいセルを作成して下さい。そして、そこに以下のコードを記述しましょう。

リスト10-2-2

```
01  for item in resp_data['results']:                          ▣
02      props = item['properties']                             ▣
03      v1 = props['名前']['title'][0]['plain_text']
04      v2 = str(props['国語']['number'])
05      v3 = str(props['数学']['number'])                        ▣
06      v4 = str(props['英語']['number'])
07      v5 = str(props['生年月日']['date']['start'])
08      print(v1 + '  国語:' + v2 + '  数学:' + v3 + '  英語:' +v4 + ' [' + v5 +
09  ']')
```

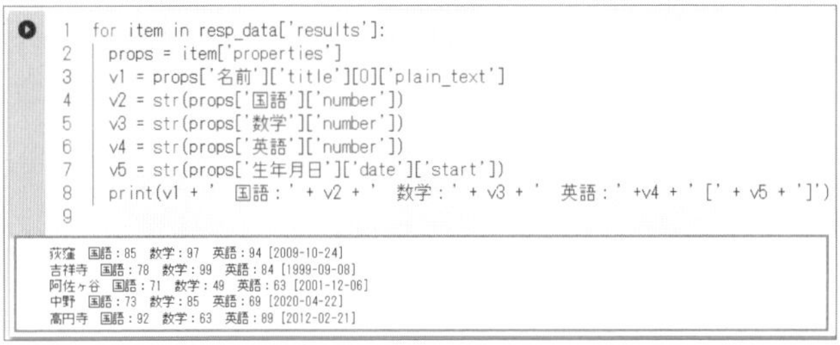

図10-2-3　取得したデータの内容が出力される

この前まで（リスト10-2-1まで）のコードが実行済みだった場合、これを実行するだけで、リスト10-2-1で取得したデータの内容（名前、3教科の得点、生年月日）が出力されます。

ランタイムの維持にはタイムリミットがある

Colaboratoryでは、セルを実行して変数などに値を代入すると、その変数がそのまま保持され、別のセルでも使えるようになります。これは大変便利な機能ですが、実は「永遠に値が保持される」というわけではありません。

Colaboratoryでは、サーバー側に「ランタイム」という環境が作成されます。これは、Colaboratoryが実行される仮想環境で、Webブラウザのノートブックからこのサーバー側のランタイムに接続してコードを実行し、結果を受け取っているのです。このランタイムは、最大でも12時間しか保持されず、それ以上の時間が経過すると終了します。ランタイムが終了すると、保持されていた変数などもすべて消えてしまいます。

ランタイムが終了してしまった場合は、慌てずに画面右上に表示される「接続」をクリックして再度ランタイムに接続した後、ノートブックで実行した処理を再実行しましょう。

取得データの構造

ここでは、サーバーから得られたデータを辞書オブジェクトにまとめてあるresp_dataから以下のようにしてデータを繰り返し処理しています（**3**）。

```
01  for item in resp_data['results']:
```

resp_dataの「results」という項目に、取り出した全データが配列にまとめて保管されています。ここから順にデータのオブジェクトを取り出し処理していくのです。

```
01    props = item['properties']
```

まず、propertiesからプロパティの情報を取り出します（**4**）。ここには、各プロパティの情報をオブジェクトにまとめたものが配列として保管されています。ここから1つずつプロパティの情報を取り出していきます（**5**）。1つ1つの値がどのように取り出されているのかをよくみて下さい。

```
01    v1 = props['名前']['title'][0]['plain_text']
02    v2 = str(props['国語']['number'])
03    v3 = str(props['数学']['number'])
04    v4 = str(props['英語']['number'])
05    v5 = str(props['生年月日']['date']['start'])
```

ここで行っているのは、Notion APIから「成績」データベースのデータを取得し、その内容を順に取り出して出力する、というものです。基本的な処理の流れは、先にGoogle Apps Scriptで作成したもの（リスト8-2-1）とほぼ同じです。Python

とGoogle Apps Scriptで書き方は異なりますが、データがどのような構造になっているかを考えながらコードを読めば何をやっているのかわかってきます。

名前の取得

```
01  変数['名前'].title[0].plain_text ································ Python
02  変数['名前']['title'][0]['plain_text'] ················ Google Apps Script
```

　いかがですか？　データの構造そのものは全く同じことがわかるでしょう。ただデータがGoogle Apps ScriptのオブジェクトとPythonの辞書という違いがあるだけなのです。

点数の取得

```
01  変数['国語'].number ··········································· Python
02  変数['国語']['number'] ································ Google Apps Script
```

生年月日の取得

```
01  変数['生年月日']['date']['start'] ························· Python
02  変数['生年月日'].date.start ····················· Google Apps Script
```

03 データを作成する

データの取得がわかったら、続いてデータの操作を行ってみましょう。基本として、新しいデータを追加してみます。データの作成は、以下のようなURLにPOSTアクセスするのでしたね。

データの作成URL

```
01  https://api.notion.com/v1/pages
```

そしてアクセスする際、ボディに送信するデータの情報を以下のような形でまとめたものを用意しておくのでした。

```
01  {
02    'parent': {'type':'database_id', 'database_id':《データベースID》},
03    'properties': {…データ…}
04  }
```

propertiesには、保管するデータをまとめたものを用意します。Pythonの場合、これは辞書オブジェクトとして作成をします。各データの値もやはり辞書として用意しておきます。

この「辞書を使ったデータ」が正しく作成できれば、データの作成はほぼできたも同然です。

💡 データ作成のPythonコード

では、上部にある「＋コード」をクリックして新しいセルを作成して下さい。そして以下のようにコードを記述します。

リスト10-3-1

```
01  form_name = "" #@param {type:"string"} ·····················
02  form_kokugo =  0#@param {type:"integer"}
03  form_sugaku = 0 #@param {type:"integer"}                        ······🔳
04  form_eigo = 0 #@param {type:"integer"}
05  form_birth = "200-01-01" #@param {type:"date"} ·············
06
07  secret_key = '…シークレットトークン…' #☆
08  db_id = '…データベースID…' #☆
```

```
09
10  data = {
11    'parent': {'type':'database_id', 'database_id': db_id},
12    'properties': {
13      '名前': {'title': [{'text':{'content':form_name}}]},
14      '国語': {'type': 'number', 'number': form_kokugo},
15      '数学': {'type': 'number', 'number': form_sugaku},
16      '英語': {'type': 'number', 'number': form_eigo},
17      '生年月日' : {'type': 'date', 'date': {
18        'start': form_birth,
19        'end': None, 'time_zone': None }},
20    }
21  }
22
23  url = 'https://api.notion.com/v1/pages'
24  payload = json.dumps(data)
25  requests.post(url, headers=opts, data=payload)
```

```
1  form_name = "¥u65B0¥u3057¥u3044¥u30C7¥u30FC¥u30BF"        form_name:  "新しいデータ
2  form_kokugo = 11#@param {type:"integer"}
3  form_sugaku = 22 #@param {type:"integer"}               form_kokugo: 11
4  form_eigo = 33 #@param {type:"integer"}
5  form_birth = "2002-04-11" #@param {type:"date"}         form_sugaku: 22
6
7  secret_key = 'シークレットトークん'                        form_eigo: 33
8  db_id = 'データベースID'
9                                                          form_birth:  2002 / 04 / 11
```

図10-3-1　コードを記述すると、入力フォームが右側に表示される。ここで値を設定し、実行する

　コードを記述すると、セルの右側にフォームが表示されます（図10-3-1）。これはColaboratory特有の機能で、変数の代入文に@paramというコメントを付けると、フォームを表示して入力した値を変数に代入するようになるのです。

　では、セルに表示されたフォームから名前と3教科の点数、生年月日を設定し、セルを実行しましょう。これでフォームに入力した値が新しいデータとして追加されます。正常に処理が行われたなら、下に<Response [200]>と表示されます。200以外の数字になっていたら、どこかで問題が発生していると考えていいでしょう。

　セルを実行したら、Notionに表示を切り替え、「成績」データベースを表示してみましょう。セルのフォームに記入した値が新しいデータとして追加されているのが確認できます（図10-3-2）。

Aa 名前	◆ タグ	# 国語	# 数学	# 英語	📅 生年月日	Σ プロパティ
中野		73	85	69	2020年4月22日	1歳
高円寺		92	63	89	2012年2月21日	10歳
阿佐ヶ谷		71	49	63	2001年12月6日	20歳
荻窪		85	97	94	2009年10月24日	12歳
吉祥寺		78	99	84	1999年9月8日	22歳
新しいデータ		11	22	33	2002年4月11日	20歳
＋ 新規						

図10-3-2 「成績」データベースにデータが追加されている

💡 処理の流れを確認しよう

　では、処理の流れを見てみましょう。まず、フォームからデータを変数に入力しています（**1**）。

```
01  form_name = "" #@param {type:"string"}
02  form_kokugo =  0#@param {type:"integer"}
03  form_sugaku = 0 #@param {type:"integer"}
04  form_eigo = 0 #@param {type:"integer"}
05  form_birth = "200-01-01" #@param {type:"date"}
```

　セルのフォームは、@paramというコメントの後に { } で値のタイプを指定します。これで、自動的にフォームが表示されます。フォームの値を操作すると、ここで変数に代入している値が自動的に変更されるようになっているのです。
　こうして入力された値を元に、送信するデータを作成します（**2**）。

```
01  data = {
02    'parent': {'type':'database_id', 'database_id': db_id},
03    'properties': {
04      '名前': {'title': [{'text':{'content':form_name}}]},
05      '国語': {'type': 'number', 'number': form_kokugo},
06      '数学': {'type': 'number', 'number': form_sugaku},
07      '英語': {'type': 'number', 'number': form_eigo},
08      '生年月日' : {'type': 'date', 'date': {
09        'start': form_birth,
10        'end': None, 'time_zone': None }},
11    }
12  }
```

　Pythonの辞書は、Google Apps ScriptのオブジェクトやJSONフォーマットのテキストと比較的近い形をしています。データの構造も比較しやすいでしょう。見ればわかるように、辞書には'parent'と'properties'という項目が用意されて

います。`'parent'`にはこのデータが属するデータベースの情報を用意し、`'properties'`には保存するデータの情報を用意します。

　`'properties'`に用意される値は、名前と3教科の点数、生年月日でそれぞれ形式が異なります。これらは値の種類が違うので、データの構造も違ってきます。このあたりは、すでにGoogle Apps Scriptでデータを扱った際に説明済みですね（Chapter8-03参照）。

　データを用意できたら、アクセスするURLと、データをJSONフォーマットのテキストにしたものを作成します（**3**）。

```
01  url = 'https://api.notion.com/v1/pages'
02  payload = json.dumps(data)
```

　これで必要なものは揃いました。後は、先にデータの取得でも利用したオプション設定の変数optsを使い、Notion APIにアクセスするだけです（**4**）。

```
01  requests.post(url, headers=opts, data=payload)
```

　これでデータをNotion APIに送信し、データを保存します。PythonではGoogle Apps Scriptとデータの作成の仕方や指定URLへのアクセス方法などが違うので最初は戸惑うでしょうが、やっていることや得られるデータは同じですから、慣れればすぐにアクセスできるようになるでしょう。

04 Notion-clientライブラリを使う

requestsを使ったアクセスは、Google Apps ScriptでNotion APIのアクセスに慣れていれば割と簡単に行えるようになります。ただ、用意するデータの構造が正確でなかったりするとすぐにエラーになってしまうので、慣れるまではけっこう大変かもしれません。

Pythonが広く利用されている最大の要因は、「膨大なライブラリ」にあります。Pythonの標準ライブラリだけでなく、世界中の開発者が便利なライブラリを作成し、公開しているのです。Pythonプログラマは、簡単なコマンドを実行するだけで、必要なライブラリをネットワーク経由でダウンロードしインストールして使うことができます。

Notion APIについても、便利なライブラリがすでにいくつもリリースされています。こうしたものを使えば、より快適にアクセスが行えるようになります。

ここでは、「notion-sdk-py」というライブラリを使ってみましょう。これは、Notionの公式ライブラリ（JavaScript）をPythonに移植したものです。Notionの公式ライブラリではありませんので、Notionからのサポートなどは受けられません。ご注意ください。以下のWebサイトで公開されています。

https://ramnes.github.io/notion-sdk-py/

図10-4-1　notion-sdk-pyのサイト

ただし、ここからライブラリをダウンロードしたりする必要はありません。ここは、ドキュメントなどの情報を得るところと考えておけばいいでしょう。

💡 notion-clientパッケージをインストールする

では、notion-sdk-pyを使ってみましょう。ライブラリの利用は、まず「pip」というプログラムを使って必要なライブラリをインストールします。pipは、Pythonのパッケージ管理ツールというもので、パッケージ（ライブラリを配布できる形にまとめたもの）のインストールや削除などを行うものです。

では、Colaboratoryの上部にある「＋コード」をクリックし、新しいセルを作って下さい。そして以下のように記述し、実行しましょう。

リスト10-4-1

```
01  %pip install notion-client
```

図10-4-2　notion-clientパッケージをインストールする

notion-sdk-pyのパッケージ名は「notion-client」というものです。これを実行すると、pipが実行され、notion-clientパッケージがColaboratoryのPython環境にインストールされます。以後、ランタイム環境が保持されている間は、インストールしたパッケージが利用できるようになります。

> **ライブラリもランタイムが消えればなくなる**
> ここではpip installコマンドを使って外部ライブラリをインストールしましたが、これは「ランタイムの仮想環境にインストールされている」という点を忘れないで下さい。ランタイムのタイムリミットが過ぎてしまうと、インストールしたライブラリも消えてしまいます。再度ランタイムに接続したときには、もう一度pip installでインストールし直す必要があります。

では、notion-clientパッケージはどのように利用するのでしょうか。パッケージの利用は、まずClientオブジェクトをインポートすることから始めます。

Clientオブジェクトのインポート

```
01  from notion_client import Client
```

これでnotion-clientのClientというオブジェクトが取り出されました。このClientオブジェクトを使ってNotion APIにアクセスをします。Clientオブジェクトは以下のようにして作成をします。

Clientの作成

```
01  変数 =Client(auth=《シークレットトークン》)
```

引数のauthにシークレットトークンを指定するだけです。後は、作成されたClientオブジェクトのメソッドを呼び出すだけで、Notion APIにアクセスできます。

まずはデータベースからデータを取得してみましょう。これは以下のように行います。

データベースにアクセスしデータを取得

```
01  《Client》.database.query(database_id=《データベースID》)
```

Clientオブジェクトのdatabaseにあるオブジェクトから「query」メソッドを呼び出します。引数にdatabase_idという値を用意すれば、指定したIDのデータベースにアクセスし、結果を受け取れます。

取得されるデータは、これまでGoogle Apps ScriptのUrlFetch.fetchやPythonのrequests.postで得られたものと同じものです。後はオブジェクトから必要な値を探して利用するだけです。

Client利用の準備コード

では、notion-clientを使って「成績」データベースにアクセスし、そのデータを

取得しましょう。Colaboratoryの「＋コード」をクリックして新しいセルを作成
し、以下のコードを記述して下さい。

リスト10-5-1

```
01  from notion_client import Client
02
03  secret_key = '…シークレットトークン…' #☆
04  db_id = '…データベースID…' #☆
```

　これを実行すると、Clientオブジェクトとシークレットトークン、データベース
IDがそれぞれ変数に取り出されます（シークレットトークンとデータベースIDの変
数はすでに作っていますが、今回は新たにnotion-clientを利用するので念のためも
う一度記述しておきました）。

 成績データを取得する

　では、作成されたClientオブジェクトを使って「成績」データベースにアクセス
しましょう。「＋コード」をクリックして新しくセルを作り、以下のコードを記述し
実行しましょう。

リスト10-5-2

```
01  notion = Client(auth=secret_key)
02  resp_data = notion.databases.query(database_id=db_id) ·················🔟
03
04  for item in resp_data['results']:
05    props = item['properties']
06    v1 = props['名前']['title'][0]['plain_text']
07    v2 = str(props['国語']['number'])
08    v3 = str(props['数学']['number'])
09    v4 = str(props['英語']['number'])
10    v5 = str(props['生年月日']['date']['start'])
11    print(v1 + ' 国語:' + v2 + ' 数学:' + v3 + ' 英語:' +v4 + ' [' + v5 +
    ']')
```

```
 1  notion = Client(auth=secret_key)
 2
 3  resp_data = notion.databases.query(database_id=db_id)
 4
 5  for item in resp_data['results']:
 6    props = item['properties']
 7    v1 = props['名前']['title'][0]['plain_text']
 8    v2 = str(props['国語']['number'])
 9    v3 = str(props['数学']['number'])
10    v4 = str(props['英語']['number'])
11    v5 = str(props['生年月日']['date']['start'])
12    print(v1 + '  国語 : ' + v2 + '  数学 : ' + v3 + '  英語 : ' +v4 + ' [' + v5 + ']')
```

```
追加データ 国語 : 99  数学 : 88  英語 : 77 [1999-09-09]
荻窪  国語 : 85  数学 : 97  英語 : 94 [2009-10-24]
吉祥寺 国語 : 78  数学 : 99  英語 : 84 [1999-09-08]
阿佐ヶ谷 国語 : 71  数学 : 49  英語 : 63 [2001-12-06]
中野  国語 : 73  数学 : 85  英語 : 69 [2020-04-22]
高円寺 国語 : 92  数学 : 63  英語 : 89 [2012-02-21]
```

図10-5-1　成績データ
ベースのデータが出
力される

　実行すると、「成績」データベースのデータが出力されます。ここでは以下のよう
にしてデータベースにアクセスをしています（**1**）。

```
01  resp_data = notion.databases.query(database_id=db_id)
```

　これでデータがresp_dataに得られます。後は、このオブジェクトから必要な
値を取り出して処理するだけです。得られるデータの構造はPythonのrequests.
postで得られるものと全く同じですから、処理の仕方も同じでかまいません。

06 データの作成

続いて、データベースへのデータ作成についてです。これはClientオブジェクトから以下のようにメソッドを呼び出して実行します。

ページの作成

```
01  《Client》.pages.create(parent=親オブジェクト, properties=プロパティ情報)
```

すでに何度か触れましたが、データベースに保管されているデータは「ページ」です。したがって作成する際も、「新しいページを作る」という作業になります。それを行っているのが、Clientのpagesプロパティに設定されているオブジェクトの「create」メソッドです。

引数には、parentとpropertiesを用意します。これらはそれぞれ親オブジェクト（ページが属するデータベースの情報）と、データとして追加されるプロパティの情報をまとめたものが指定されます。

💡 フォームを使ってデータを作成する

では、これもサンプルを作ってみましょう。「＋コード」をクリックして新しいセルを作り、以下のコードを記述して下さい。

リスト10-6-1

```
01  form_name = "" #@param {type:"string"}
02  form_kokugo =  0#@param {type:"integer"}
03  form_sugaku = 0 #@param {type:"integer"}
04  form_eigo = 0 #@param {type:"integer"}
05  form_birth = "2000-01-01" #@param {type:"date"}
06
07  parent = {'type':'database_id', 'database_id': db_id}  ·············· ■
08  props = {  ·········································································
09    '名前': {'title': [{'text':{'content':form_name}}]},
10    '国語': {'type': 'number', 'number': form_kokugo},
11    '数学': {'type': 'number', 'number': form_sugaku},
12    '英語': {'type': 'number', 'number': form_eigo},  ········· ■
13    '生年月日' : {'type': 'date', 'date': {
14      'start': form_birth,
15      'end': None, 'time_zone': None }},
16  }  ················································································
17
```

```
18    notion.pages.create(parent=parent, properties=props) ················· 3
```

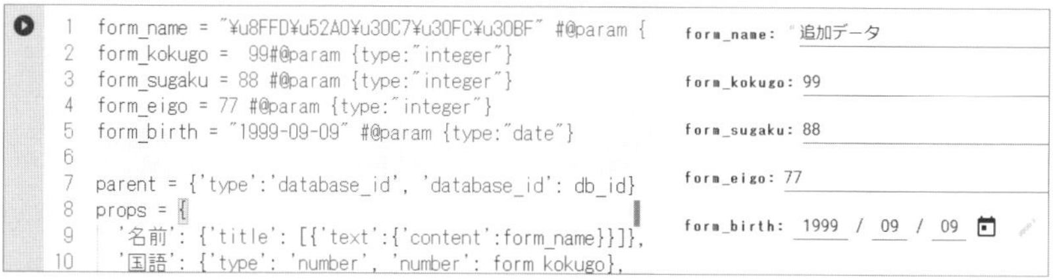

```
  1   form_name = "¥u8FFD¥u52A0¥u30C7¥u30FC¥u30BF"  #@param {      form_name:  "追加データ
  2   form_kokugo = 99#@param {type:"integer"}
  3   form_sugaku = 88 #@param {type:"integer"}              form_kokugo: 99
  4   form_eigo = 77 #@param {type:"integer"}
  5   form_birth = "1999-09-09" #@param {type:"date"}            form_sugaku: 88
  6
  7   parent = {'type':'database_id', 'database_id': db_id}      form_eigo: 77
  8   props = {
  9     '名前': {'title': [{'text':{'content':form_name}}]},      form_birth:  1999  /  09  /  09  📅
 10     '国語': {'type': 'number', 'number': form_kokugo},
```

図10-6-1　フォームで値を設定し、実行する

　セルの右側には入力用のフォームが表示されます。このフォームで値を入力し、セルを実行すると、新しいデータが「成績」データベースに追加されます。Notionに表示を切り替えて、「成績」データベースにデータが追加されているか確認しましょう。

Aa 名前	◉ タグ	# 国語	# 数字	# 英語	🗓 生年月日	Σ プロパティ
中野		73	85	69	2020年4月22日	1歳
高円寺		92	63	89	2012年2月21日	10歳
阿佐ヶ谷		71	49	63	2001年12月6日	20歳
荻窪		85	97	94	2009年10月24日	12歳
吉祥寺		78	99	84	1999年9月8日	22歳
追加データ		99	88	77	1999年9月9日	22歳
＋ 新規						

図10-6-2　「成績」データベースにフォームで設定したデータが追加されている

💡 ページ作成の流れ

　では、処理の流れを見てみましょう。といっても、やることは非常にシンプルですね。データをまとめて、notion.pages.createを呼び出すだけです。ポイントは、「どのようにデータをまとめるか」です。これは、以下のように用意してまとめています。

親オブジェクトの情報

```
01    parent = {'type':'database_id', 'database_id': db_id} ··················· 1
```

作成するページのプロパティ情報

```
01    props = {·····························································
02      '名前': {'title': [{'text':{'content':form_name}}]},      ·········· 2
03      '国語': {'type': 'number', 'number': form_kokugo},
```

```
04    '数学': {'type': 'number', 'number': form_sugaku},
05    '英語': {'type': 'number', 'number': form_eigo},
06    '生年月日' : {'type': 'date', 'date': {
07      'start': form_birth,
08      'end': None, 'time_zone': None }},
09  }
```

　変数parentには、親オブジェクトのtypeとdatabase_idをまとめた辞書を
用意します（■）。そして変数propsには、追加するページのプロパティをまとめ
た辞書を用意します（②）。プロパティに用意する値は、Pythonのrequests.post
を使ったときに作成したものと同じですね。

　これらが用意できたら、createを呼び出します。

```
01  notion.pages.create(parent=parent, properties=props) ·······················■
```

　parentとpropertiesにそれぞれ変数を設定し、実行します（■）。これで
propertiesに用意した辞書を元にページが作られ、データベースに組み込まれま
す。

07 データを取得し表示する

データの作成ができたら、残る更新と削除もそれほど難しくはありません。では、これらの処理を行うのに必要な「編集するデータを検索し表示する」という処理を作っておきましょう。

これは、データの取得に使った notion.databases.query を使います。実行する際に、フィルターの設定情報を filter という引数に指定します。

データをフィルター検索する

```
01  変数 =《Client》.databases.query(database_id=《データベースID》,filter=《フィルタ
    ー設定》)
```

filter の設定は、すでに説明をしましたね（Chapter8-04参照）。property でプロパティ名を指定し、その値に比較演算の情報を用意しました。フィルターを使って更新するデータを検索してその内容を取り出す処理を作成しておきます。これを元に、データの更新や削除を行うことにします。

では、「＋コード」をクリックして新しいセルを作成しましょう。そして以下のようにコードを記述します。

リスト10-7-1

```
01  form_name = "" #@param {type:"string"}
02
03  filter = {
04    'property': '名前',
05    'rich_text': {
06      'equals': form_name
07    }
08  }
09
10  resp_data = notion.databases.query(database_id=db_id, filter=filter) …2
11  props = resp_data['results'][0]['properties']
12  print('ID: ' + resp_data['results'][0]['id'])
13  print('国語: ' + str(props['国語']['number']))
14  print('数学: ' + str(props['数学']['number']))
15  print('英語: ' + str(props['英語']['number']))
16  print('生年月日: ' + props['生年月日']['date']['start'])
```

図10-7-1　フォームに名前を入力し実行すると、データを検索してその内容を出力する

　ここでは名前を入力するフォームを1つ用意しました。ここに編集したいデータの名前を記入し、実行すると、そのデータのIDと各教科の点数、生年月日が出力されます。ここに出力されたデータの内容を元に、更新や削除を行うことにします。

　ここでは、入力された値を元に以下のような形でフィルターの情報を作成しています（**1**）。

```
01  filter = {
02    'property': '名前',
03    'rich_text': {
04      'equals': form_name
05    }
06  }
```

　これで、名前がform_nameと等しいデータを検索します。フィルターの設定情報の構造をよく思い出しながら、どのように値が作られているか確認しておきましょう。

　フィルター設定さえできれば、後はこれを引数にして実行するだけです（**2**）。

```
01  resp_data = notion.databases.query(database_id=db_id, filter=filter)
```

　これで、検索されたデータがresp_dataに取り出されます。後は、そこから必要な情報を取り出し表示するだけです。

08 データの更新と削除

データの更新と削除は、「どのデータを操作するか」をあらかじめ考える必要があります。先ほど作ったセルで、必要なデータを検索し内容を出力できるようになりました。このデータを利用して、更新と削除を行えるようにしましょう。

まずは更新からです。更新は、pagesの「update」メソッドを使って行います。

ページの更新

```
01   notion.pages.update(page_id=《ページID》, properties=《プロパティ情報》)
```

引数には、page_idで更新するページのIDを指定し、propertiesには更新するページのプロパティ情報を用意します。ここに用意したプロパティの値がupdateメソッドの実行により変更されます。用意されていないプロパティはそのまま変更されません。

💡 データの更新処理

では、実際にデータの更新を行いましょう。「＋コード」をクリックして新しいセルを用意し、以下のコードを記述して下さい。

リスト10-8-1

```
01   form_id = "" #@param {type:"string"}
02   form_kokugo =   0#@param {type:"integer"}
03   form_sugaku = 0 #@param {type:"integer"}
04   form_eigo = 0 #@param {type:"integer"}
05   form_birth = "200-01-01" #@param {type:"date"}
06
07   props = {
08     '国語': {'type': 'number', 'number': form_kokugo},
09     '数学': {'type': 'number', 'number': form_sugaku},
10     '英語': {'type': 'number', 'number': form_eigo},
11     '生年月日' : {'type': 'date', 'date': {
12       'start': form_birth,
13       'end': None, 'time_zone': None }},
14   }
15
16   notion.pages.update(page_id=form_id, properties=props) ·················1
```

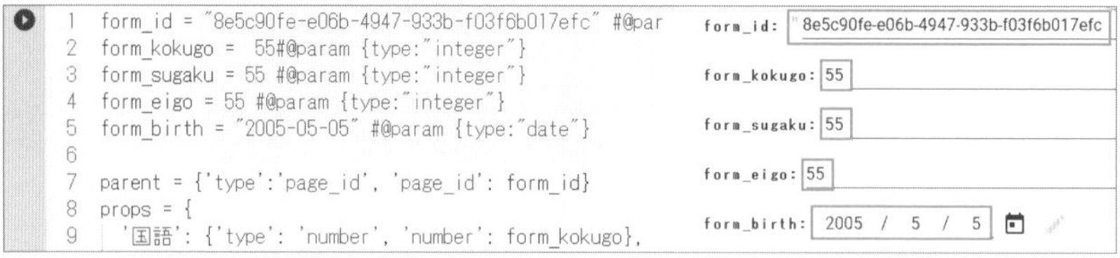

```
   1  form_id = "8e5c90fe-e06b-4947-933b-f03f6b017efc" #@par
   2  form_kokugo = 55#@param {type:"integer"}
   3  form_sugaku = 55 #@param {type:"integer"}
   4  form_eigo = 55 #@param {type:"integer"}
   5  form_birth = "2005-05-05" #@param {type:"date"}
   6
   7  parent = {'type':'page_id', 'page_id': form_id}
   8  props = {
   9    '国語': {'type': 'number', 'number': form_kokugo},
```

form_id: `8e5c90fe-e06b-4947-933b-f03f6b017efc`
form_kokugo: `55`
form_sugaku: `55`
form_eigo: `55`
form_birth: `2005` / `5` / `5`

図10-8-1　フォームに編集するページのIDと各プロパティの値を入力し、実行する

　先ほど取得した編集データのIDをコピーし、今回作ったセルのフォームにペーストし、その他の項目にも更新したい値を記入して下さい。そしてすべて入力したらセルを実行します。これで、入力したIDのデータが更新されます。

　実行したらNotionに切り替え、データが更新されていることを確認しましょう。

↗ 成績 …

Aa 名前	◎ タグ	# 国語	# 数学	# 英語	🗓 生年月日	Σ プロパティ
中野		73	85	69	2020年4月22日	1歳
高円寺		92	63	89	2012年2月21日	10歳
阿佐ヶ谷		71	49	63	2001年12月6日	20歳
荻窪		85	97	94	2009年10月24日	12歳
吉祥寺		78	99	84	1999年9月8日	22歳
追加データ		55	55	55	2005年5月5日	16歳
＋ 新規						
	計算 ⌄					

図10-8-2　データの内容が更新されている

ページ情報を用意しupdateする

　では、処理の流れを簡単に説明しましょう。ここでは、まず入力された値を元にプロパティ情報の辞書を作成します。これは、すでに何度も行っているものですから改めて説明は無用でしょう。そして、これらが用意できたら、updateメソッドを呼び出して更新をします（■）。

```
01  notion.pages.update(page_id=form_id, properties=props)
```

　page_idには、入力されたform_idの値を指定します。これでデータの更新が完了です。データの更新はデータベース情報ではなく、「ページ情報を引数に指定する」という点を間違えないようにしましょう。

データの削除

　続いて、データの削除です。削除も、更新と同じくupdateメソッドを使って行いました。更新する際、アーカイブを示すarchivedの値を設定することでデータをアーカイブする（ゴミ箱に入れる）ことができました。つまり、削除処理は、更新処理と実質同じことをすればいいのでしたね。

　では、これもサンプルを作成しましょう。「＋コード」をクリックして新しいセルを作り、以下のように記述して下さい。

リスト10-8-2

```
01  form_id = "" #@param {type:"string"}
02  notion.pages.update(page_id=form_id, archived=True) ·············· 2
```

```
1  form_id = "8e5c90fe-e06b-4947-933b-f03f6b017efc" #@    form_id: 8e5c90fe-e06b-4947-933b-f03f6b017efc
2  notion.pages.update(page_id=form_id, archived=True)
3
```

図10-8-3　フォームに削除するページのIDをペーストし、実行する

　IDを入力するフォームがセルの右側に表示されるので、先ほど取得したIDをコピー＆ペーストして入力しておきましょう。そのままセルを実行すれば、指定したIDのデータが削除されゴミ箱に移動します。

　実行したら、Notionに表示を切り替え、「成績」データベースを確認しましょう。

Aa 名前	● タグ	# 国語	# 数学	# 英語	📅 生年月日	∑ プロパティ
中野		73	85	69	2020年4月22日	1歳
高円寺		92	63	89	2012年2月21日	10歳
阿佐ヶ谷		71	49	63	2001年12月6日	20歳
荻窪		85	97	94	2009年10月24日	12歳
吉祥寺		78	99	84	1999年9月8日	22歳
追加データ		55	55	55	2005年5月5日	16歳
＋ 新規						

Aa 名前	● タグ	# 国語	# 数学	# 英語	📅 生年月日	∑ プロパティ
中野		73	85	69	2020年4月22日	1歳
高円寺		92	63	89	2012年2月21日	10歳
阿佐ヶ谷		71	49	63	2001年12月6日	20歳
荻窪		85	97	94	2009年10月24日	12歳
吉祥寺		78	99	84	1999年9月8日	22歳
＋ 新規						

図10-8-4　実行すると、指定したID（上）のデータが消えている（下）

ここでは、フォームから入力された値を引数に指定してupdateを実行していま
す。この文ですね（**2**）。

```
01  notion.pages.update(page_id=form_id, archived=True)
```

　必要な引数は、page_idとarchivedのみです。page_idに削除するページの
IDを指定し、archivedをtrueにすれば、指定したIDのページが削除されます。
驚くほど簡単ですね。
　これで、notion-clientパッケージを使ったNotion APIアクセスの基本がだいた
い理解できたでしょう。ここではColaboratoryを使いましたが、その他のPython
環境でも基本的な使い方は同じです。pip installでnotion-clientをインストー
ルし、Clientをインポートして処理を記述するだけです。

☀️ Pythonの2通りの利用法

　Pythonは、ここまで説明したようにrequestを使った方法と、ライブラリを利
用した方法が行えます。どちらでも取得されるデータそのものは同じですので、ど
ちらでも使いやすい方から覚えていくといいでしょう。
　ただ、ライブラリについては、Notionの公式ではなくNotionからのサポートは
受けられない点や、今後も開発が続けられるかわからない点を理解した上で利用し
て下さい。

Chapter 11

JavaScriptから
Notion APIを利用しよう

この章のポイント
- ・Node.jsでサーバーからNotion APIにアクセスできるようになりましょう
- ・Notion APIのURLとHTTPメソッドの関係をしっかり理解しましょう

01 Node.jsから Notion APIを利用する

　Pythonと並んで広く使われているプログラミング言語が「JavaScript」です。JavaScriptは、もともとWebページの中での処理などを行うものでしたが、現在はもっと幅広い用途で使われています。中でもWebアプリケーションの開発の分野で多用されており、多くのWebアプリケーションの開発に使われています。

　Webアプリケーション開発に用いられているJavaScript環境が「Node.js」です。Node.jsには「Express」というWebアプリ開発用のフレームワークがあり、これを利用したWebアプリ開発をするためにNode.jsを利用する人は非常に多いでしょう。

　ここでは、Node.jsを利用したWebアプリ開発の中でNotion APIを利用する方法を説明しましょう。

　なお、ここではJavaScriptの言語およびNode.js/Expressフレームワークをすでに利用していることを前提に説明をしていきます。これらに関する使い方などの説明は、本書では行いません。「よくわからない」という方は、それぞれで別途学習をして下さい。

　（なお、Webアプリ開発に必要となるHTML、CSS、JavaScript, Node.js、Expressといった技術を一冊で学べる『作りながら学ぶ Webプログラミング実践入門』という入門書を上梓しています。参考にどうぞ）

💡 Node.jsのインストール

　まだNode.jsがインストールされていない人は、以下のURLからソフトウェアをダウンロードしインストールしましょう。

https://nodejs.org/ja/

　このトップページには、ダウンロードのボタンが用意されているので、これをクリックすればインストーラがダウンロードできます。後はダウンロードしたインストーラを起動してインストールを行って下さい。

　なお、トップページには2つのバージョンが表示されていますが、これは「より新しい偶数バージョン」を選ぶようにして下さい。例えば「16と17」が表示されているなら16を、「16と18」ならば18をインストールするのが良いでしょう。奇数バージョンは使わないようにして下さい。

図11-1-1　Node.jsのWebサイト。ここからソフトウェアをダウンロードしインストールしておく

Expressアプリケーションを作る

　では、実際にNode.jsのアプリケーションを作成しましょう。ここでは、Node.jsのデファクトスタンダード環境ともいえる「Express」フレームワークベースでのアプリ作成を行いながらNotion APIを使っていきます。

　まず、Expressのユーティリティをインストールしておきましょう。Windowsでは「コマンドプロンプト」、macOSでは「ターミナル」を起動し、以下のコマンドを実行して下さい。

```
01  npm install express-generator -g
```

```
D:\tuyan>npm install express-generator -g
        WARN             mkdirp@0.5.1. Legacy versions of mkdirp are no longer suppor
ted. Please update to mkdirp 1.x. (Note that the API surface has changed to use
Promises in 1.x.)
D:\tuyan\AppData\Roaming\npm\express -> D:\tuyan\AppData\Roaming\npm\node_module
s\express-generator\bin\express-cli.js
+ express-generator@4.16.1
added 10 packages from 13 contributors in 1.849s

D:\tuyan>
```

図11-1-2　express-generatorをインストールする

　インストールした「express-generator」というパッケージは、Expressベースのアプリケーションを作成するためのユーティリティパッケージです。これを使い、Expressアプリケーションを作ります。

　では、コマンドプロンプトまたはターミナルからコマンドを実行し、デスクトップに移動しましょう。

```
01  cd Desktop
```

Chapter 11

ここでexpress-generatorを使い、アプリケーションを作成します。

```
01  express -e notion-app
```

これで、デスクトップに「notion-app」というフォルダーが作成されます。これがExpressアプリケーションのフォルダーです。この中に、アプリケーションのファイル類がまとめられます。

図11-1-3　express-generatorを使い、デスクトップに「notion-app」アプリケーションを作成する

続いて、作成したアプリケーションに必要なパッケージ類をインストールします。そのままコマンドプロンプトまたはターミナルから以下を実行して下さい。

```
01  cd notion-app
02  npm install
```

これでアプリケーションに必要なパッケージ類がすべてインストールされました。なお、まだコマンドプロンプトあるいはターミナルは閉じないで下さい。

図11-1-4　アプリケーションにパッケージをインストールする

 動作を確認する

これでアプリケーションの基本的な部分は完成しました。では、実際にアプリケーションを実行してちゃんと動くか確認しましょう。
コマンドプロンプトまたはターミナルから以下のコマンドを実行して下さい。

```
01  npm start
```

　これでアプリケーションが実行されます。Webブラウザから、http://
localhost:3000/にアクセスをしてみて下さい。「Express」と表示されたページ
が現れます。これが、アプリケーションの画面です。この表示が現れれば、アプリ
ケーションは正常に動いています。
　アプリケーションの終了は、[Ctrl] キーを押したまま [C] キーを押し、さらに
「y」キーを押すと行えます。アプリケーションの起動と終了はこれから頻繁に使う
のでしっかり覚えておきましょう。

図11-1-5　npm startでhttp://
localhost:3000にアクセスする

Notion SDK for JavaScriptのインストール

　これでExpressアプリケーションの準備はできました。これに、Notion APIを
利用するためのパッケージを追加しましょう。
　これは「Notion SDK for JavaScript」というNotionの公式ソフトウェアです。
コマンドプロンプトまたはターミナルから以下を実行して下さい。

```
01  npm install @notionhq/client
```

　これでNotion APIを利用するのに必要なソフトウェアがアプリケーションに組
み込まれました。後は、実際にコードを書いてアクセスするだけです。コマンドプ
ロンプトあるいはターミナルはこの後も利用するので閉じてはいけません。

図 11-1-6　　Notion SDK for
JavaScriptのソフトウェアをインス
トールする

Chapter 11

02 Notionからデータを取得

では、実際にNotion APIにアクセスをしてみましょう。Notion APIへのアクセスは、@notionhq/clientというパッケージから「Client」オブジェクトを取り出します。これは以下のように行います。

Clientのインポート

```
01  const { Client } = require("@notionhq/client");
```

このClientがデータベースへのアクセスに関する機能を提供するものになります。ここから必要に応じてメソッドを実行することでデータベースにアクセスし各種の操作を行えるようになります。

Clientオブジェクトの作成

Notion APIの利用は、インポートしたClientを使って行います。これはそのまま利用するのではなく、このClientからインスタンスを作成し、そのインスタンスからメソッドを呼び出して行います。

では、Clientインスタンスの作成から説明しましょう。

Clientオブジェクトの作成

```
01  変数 = new Client({ auth: シークレットトークン });
```

インスタンスはnew Clientで作成をしますが、このとき引数にはアクセスに関する情報をまとめたオブジェクトを指定します。このオブジェクトには「auth」という項目を用意し、これにシークレットトークンを指定します。

これで、Clientインスタンスからメソッドを呼び出せば、それが実行されるようになります。

データの取得

データの取得は、Clientインスタンスのdatabasesプロパティにあるオブジェクトから「query」メソッドを呼び出して行います。単純にデータベースから全データを取得するだけなら、以下のように必要最低限の情報を記述すれば問題あり

ません。

```
01  《Client》.databases.query({
02    database_id:《データベースID》,
03  })
```

　queryの引数に用意するオブジェクトには「database_id」という項目を用意します。これに、アクセスするデータベースのIDを指定します。

　実行すると、結果が戻り値として返されます。ここで注意してほしいのは、「queryは非同期メソッドである」という点です。したがって得られる結果は「Promise」という非同期処理の結果を管理するためのオブジェクトになっています。

　Notion APIから取得したデータは、ここから「then」メソッドを呼び出し、そこで用意する必要があります。

Promiseから事後処理を呼び出す

```
01  《Promise》.then(resp=>{…後処理…});
```

　これでthenの引数に用意されている関数の引数（ここではresp）にNotion APIから得られた値が取り出されます。引数の値は、サーバーから取得されたJSONフォーマットのテキストを元にJavaScriptのオブジェクトに変換されたものが渡されるようになっているのです。

　後は、得られた引数（resp）から必要な情報を取り出すだけです。得られるデータの構造はこれまでのPythonやGoogle Apps Scriptの場合と同じですから、それほど悩むことはないでしょう。

index.jsを修正する

　では、作成されたアプリケーションのファイルを編集して「成績」データベースのデータを表示させてみましょう。

　Expressアプリケーションでは、「app.js」にアプリケーションのメイン処理があり、「routes」フォルダー内のスクリプトファイルに各ページにアクセスした際の処理がまとめられています。この「routes」フォルダーの中に「index.js」というファイルがあるのでこれを開いて下さい。

　このindex.jsは、トップページにアクセスした際に実行される処理を記述したものです。ここにNotion APIにアクセスしてデータを取得する処理を用意し、その内容を表示するようにしてみましょう。ファイルの内容を以下に書き換えてください。

リスト11-2-1 (routes/index.js)

```
01 var express = require('express');
02 const { Client } = require("@notionhq/client");
03
04 secret_key = '…シークレットトークン…' //☆
05 db_id = '…データベースID…' //☆
06
07 var router = express.Router();
08 const notion = new Client({
09   auth: secret_key,
10 });
11
12 /* GET home page. */
13 router.get('/', function(req, res, next) {
14   notion.databases.query({
15     database_id: db_id,
16   }).then(resp=>{
17
18     const values = [];
19     for(var n in resp.results) {
20       var item = resp.results[n].properties;
21       try {
22         var val = [
23           item['名前'].title[0].plain_text,
24           item['国語'].number,
25           item['数学'].number,
26           item['英語'].number,
27           item['生年月日'].date.start
28         ];
29         values.push(val);
30       } catch(e) {
31         console.error(e);
32       }
33     }
34     res.render('index', { title: 'Express', data: values });
35   });
36 });
37
38 module.exports = router;
```

1
2
3
4
5

テキストの文字コードはUTF-8が基本

Node.jsのソースコードを編集するとき注意したいのが文字コードです。日本語環境で利用している場合、「シフトJIS」という文字コードを利用している人もまだ多いことでしょう。このシフトJISでソースコードを編集すると、日本語が含まれている場合、正しく動作しません。

ソースコードを修正するときは、必ず「UTF-8」という文字コードで保存して下さい。

Expressルート処理の流れ

　では、どのようにしてNotionにアクセスをしているのか処理の流れを見ていきましょう。最初にRouterとClientインスタンスを作成します（**1**）。

```
01  var router = express.Router();
02  const notion = new Client({
03    auth: secret_key,
04  });
```

　Routerは、ルーターと呼ばれるオブジェクトで、URLと処理の管理をするものです。Clientは先ほど説明しましたね。Notion APIにアクセスするための機能を提供します。
　index.jsでは、トップページのURLにアクセスした際の処理を用意します。これは、以下のような形で記述します（**2**）。

```
01  router.get('/', function(req, res, next) {……});
```

　router.getは、第1引数のURL（ここでは'/'）にアクセスした際の処理を設定するためのものです。第2引数には関数が用意されており、この関数内の処理が、第1引数のURLにアクセスされたときに実行されるようになります。

queryメソッドでデータを取得する

　このrouter.getで実行しているのが、Notion APIからデータベースのデータを取得する処理です。これは以下のような形をしています（**3**）。

```
01    notion.databases.query({
02      database_id: db_id,
03    }).then(resp=>{
04      ……取得したデータの処理……
05    });
06  });
```

　notion.databases.queryが、指定のURLにアクセスし、結果を受け取るメソッドです。これは引数に{database_id: db_id}というオブジェクトを用意します。これでdatabase_idで指定したデータベースにアクセスする処理が用意されます。

ただし、このqueryメソッドは非同期ですから、結果を変数などに代入して受け取ることはできません。返されるのはPromiseから「then」メソッドを呼び出し、その中で処理を行います。

 取得した結果から値を取り出す

では、thenで実行している処理を見てみましょう。戻り値のrespには「results」というプロパティがあり、ここに取得したデータが配列にまとめられて保管されています。

今回のサンプルでは、このresultsの配列からデータのオブジェクトを取り出し、その中のプロパティがまとめられている「properties」プロパティから必要な値を取り出し処理しています。これは以下のような形で記述されています（**4**）。

```
01  for(var n in resp.results) {
02    var item = resp.results[n].properties;
03    ……itemから値をvaluesに集める……
04  }
```

resp.results[n].propertiesで、データのプロパティをまとめたオブジェクトが取り出されます。ここから必要な値を取り出してまとめていくわけですね。各プロパティの内容は、すでにここまで何度も説明しましたので今回は省略しましょう。

こうしてデータベースのデータを取り出したら、HttpResponseオブジェクトのrenderメソッドを使ってページをレンダリングします（**5**）。

```
01  res.render('index', { title: 'Express', data: values });
```

ここでは、データをまとめた変数をdataという名前でテンプレートに渡しています。この変数は、1つ1つのデータの内容を配列にまとめたものをさらに配列にまとめています（いわゆる二次元配列というものです）。後はテンプレート側で、この二次元配列を元に内容を表示するような処理を用意します。

では、画面の表示を行うためのテンプレートファイルを作成しましょう。テンプレートファイルは「views」フォルダーの中にまとめられています。この中の「index.ejs」というファイルを開いて下さい。この内容を以下のように書き換えます。

リスト11-3-1（views/index.ejs）

```
01  <!DOCTYPE html>
02  <html>
03    <head>
04      <title><%= title %></title>
05      <!-- CSS only -->
06  <link href="https://cdn.jsdelivr.net/npm/bootstrap@5.0.2/dist/css/
07  bootstrap.min.css" rel="stylesheet">
08      <link rel='stylesheet' href='/stylesheets/style.css' />
09      <script src="https://cdn.jsdelivr.net/npm/bootstrap@5.0.2/dist/js/
10  bootstrap.bundle.min.js"></script>
11    </head>
12    <body>
13      <h1><%= title %></h1>
14      <p>Welcome to <%= title %></p>
15      <table class="table">
16        <thead><tr>
17          <th>名前</th>
18          <th>国語</th>
19          <th>数学</th>
20          <th>英語</th>
21          <th>生年月日</th>
22        </tr></thead>
23        <tbody>
24          <% for(let items of data) { %>
25            <tr>
26              <% for(let item of items) { %>
27                <td><%=item %></td>
28              <% } %>
29            </tr>
30          <% } %>
31        </tbody>
32      </table>
33    </body>
34  </html>
```

二次元配列のデータをテーブル出力する

　ここでは、index.jsからテンプレートに渡された変数dataをテーブルにして出力しています。このdataは二次元配列の値でした。したがって、ここからまずデータを取り出し、そのデータからさらに順に値を取り出してテーブルに出力していく必要があります。これを行っているのが以下の部分です（**1**）。

```
01  <% for(let items of data) { %>
02    <tr>
03      <% for(let item of items) { %>
04        <td><%=item %></td>
05      <% } %>
06    </tr>
07  <% } %>
```

　<% %>というのは、ここで利用しているejsというテンプレートエンジンでサポートされている構文で、JavaScriptのコードを実行するためのものです。このタグのせいで何だかよくわからなくなっていますが、タグを取り除いて整理すれば、やっていることは割と単純です。

```
01  for(let items of data) {
02    <tr>
03      for(let item of items) {
04        <td>《itemを表示》</td>
05      }
06    </tr>
07  }
```

　dataから順にデータをitemsに取り出し、その中でさらにitemsから順にitemを取り出して<td>タグを使って出力しています。テンプレートでは<% %>を使ってJavaScriptのコードを直接実行できるということを知っていれば、複雑なデータもこのように整理して出力することができます。

アプリケーションを実行する

　保存したら、アプリケーションを実行しましょう。コマンドプロンプトまたはターミナルから以下のコマンドを実行して下さい。

```
01  npm start
```

　これで作成したアプリケーションが実行されます。なお、「間違って閉じてしまった」という人は、コマンドプロンプトあるいはターミナルを開いて以下のコマンドを実行してください。

```
01  cd Desktop
02  cd notion-app
```

　これで「notion-app」フォルダーが開かれた状態になるので、この状態で「npm start」コマンドを実行して下さい。
　アプリケーションが実行されたら、Webブラウザから以下のURLにアクセスをしてみましょう。

http://localhost:3000/

　これで、作成したページにアクセスできます。タイトルとメッセージの下に、Notionから取得した「成績」データベースのデータがテーブルにまとめて表示されるのがわかるでしょう。

Express
Welcome to Express

名前	国語	数学	英語	生年月日
荻窪	85	97	94	2009-10-24
吉祥寺	78	99	84	1999-09-08
阿佐ヶ谷	71	49	63	2001-12-06
中野	73	85	69	2020-04-22
高円寺	92	63	89	2012-02-21

図11-3-1　http://localhost:3000/にアクセスすると、成績データベースの内容が表示される

続いて、データの作成について説明しましょう。データの作成は、以下のような形で実行します。

ページを作成する

```
01  notion.pages.create({
02    parent: 親オブジェクトの情報 ,
03    properties: プロパティ情報
04  })
```

notion.pages.createは、新しいページを作成するメソッドです。データベースのデータは「ページ」として作成するのでしたね。メソッドの引数には、parentとpropertiesを用意します。このとき、parentに用意するオブジェクトには保存するデータベースのIDを用意しておきます。propertiesには、保存するデータをまとめておきます。

これを実行すれば、propertiesに用意したデータがページとして作成され、parentに指定したデータベースに追加されます。

テンプレートにフォームを用意する

では、これも簡単なサンプルを作りましょう。先ほど利用したページにフォームを追加し、データを入力し送信すると「成績」データベースに追加するようにしてみましょう。

まずはフォームから用意しましょう。「views」フォルダー内にある「index.ejs」を開き、<body>内の適当なところに以下のフォームのコードを追記して下さい。<table>タグの手前あたりがいいでしょう。

リスト11-4-1 (views/index.ejs)

```
01  <div class="accordion" id="accordion">
02    <div class="accordion-item">
03      <p class="accordion-header" id="headingOne">
04        <button class="accordion-button" type="button"
05          data-bs-toggle="collapse" data-bs-target="#collapseOne"
06          aria-expanded="false" aria-controls="collapseOne">
07          Create form
08        </button>
```

```
09      </p>
10      <div id="collapseOne" class="accordion-collapse collapse"
11        aria-labelledby="headingOne" data-bs-parent="#accordion">
12        <div class="accordion-body">
13          <form method="post" action="/"> ·······························1
14            <div class="form-group">
15              <label>名前</label>
16              <input type="text" name="name"
17                class="form-control form-control-sm">
18            </div>
19            <div class="form-group">
20              <label class="mt-2">国語</label>
21              <input type="number" name="kokugo"
22                class="form-control form-control-sm">
23            </div>
24            <div class="form-group">
25              <label class="mt-2">数学</label>
26              <input type="number" name="sugaku"
27                class="form-control form-control-sm">
28            </div>
29            <div class="form-group">
30              <label class="mt-2">英語</label>
31              <input type="number" name="eigo"
32                class="form-control form-control-sm">
33            </div>
34            <div class="form-group">
35              <label class="mt-2">生年月日</label>
36              <input type="date" name="birth"
37                class="form-control form-control-sm">
38            </div>
39            <input type="submit" class="btn btn-primary mt-2"
40              value="Create">
41          </form>
42        </div>
43      </div>
44    </div>
45  </div>
```

　単なるフォームにしては複雑そうに見えるかもしれませんが、これはBootstrap
というCSSフレームワークを使って折りたためるフォームにしているためです。こ
こでは、<form method="post" action="/">というようにフォームを用意し
ています（1）。POST送信を処理するコードをindex.js側に用意し、受け取った
フォームの値を使ってデータを作成するようにします。

index.jsにPOST処理を追記する

では、「routers」フォルダー内の「index.js」を開いて下さい。そして、先に作成したrouter.getの処理の後（最後にあるmodule.exports = router;の手前）に以下のコードを追記しましょう。

リスト11-4-2 (routes/index.js)

```
01  router.post('/', function(req, res, next) {                    ■1
02    const parent = {type:'database_id', database_id: db_id}       ■2
03    const props = {
04      '名前': {title: [{text:{content: req.body.name}}]},
05      '国語': {type: 'number', number: +req.body.kokugo},
06      '数学': {type: 'number', number: +req.body.sugaku},
07      '英語': {type: 'number', number: +req.body.eigo},          ■3
08      '生年月日' : {type: 'date', date: {
09        start: req.body.birth,
10        end: null, time_zone: null }},
11    }
12    notion.pages.create({
13      parent: parent,
14      properties: props                                          ■4
15    }).then(resp=>{
16      res.redirect('/');                                         ■5
17    });
18  });
```

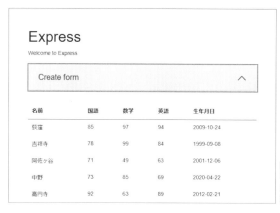

図11-4-1 テーブルの手前に「Create form」という表示が追加される。クリックするとフォームが現れる

ファイルを保存し、「npm start」でアプリケーションを実行しましょう（実行中の場合は、[Ctrl] キー＋ [C] キーで一度終了し、再実行して下さい）。http://localhost:3000/にアクセスすると、「Create form」という表示が追加されているのがわかります。これをクリックすると、フォームが表示されます。

そのままフォームに値を入力し、「Create」ボタンをクリックすると、データが
Notion側に送られ、「成績」データベースにデータが追加されます。

図11-4-2　クリックして現れたフォームに入力し送信すると（左）、データが追加される（右）

作成するデータの構造

では、作成したコードを見てみましょう。POSTアクセスされた際の処理は以下
のような形で記述します（**1**）。

```
01  router.post('/', function(req, res, next) {……});
```

routerのpostメソッドを使います。これで第1引数のURLにPOSTアクセス
されると第2引数の関数が実行されるようになります。
ここでは、まず親オブジェクトの情報を変数にまとめます（**2**）。

```
01  const parent = {type:'database_id', database_id: db_id}
```

続いて、送信されたフォームの値を使って作成するデータの情報をまとめていき
ます。これは以下のようになっています（**3**）。

```
01  const props = {
02    '名前': {title: [{text:{content: req.body.name}}]},
03    '国語': {type: 'number', number: +req.body.kokugo},
04    '数学': {type: 'number', number: +req.body.sugaku},
05    '英語': {type: 'number', number: +req.body.eigo},
06    '生年月日': {type: 'date', date: {
```

```
07      start: req.body.birth,
08      end: null, time_zone: null }},
09  }
```

　送信されたフォームの値は、`req.body`というところにまとめられています。例えば、`<input>`で`name="kokugo"`の値ならば、`req.body.kokugo`で得ることができます。このようにして送信された値を取り出し、データ情報のオブジェクトを作成します。

　後は、これらをまとめて`create`でページを作成するだけです（**4**）。

```
01  notion.pages.create({
02      parent: parent,
03      properties: props
04  })
```

　これで新しいデータがデータベースに追加されます。作成後、元のページに移動する処理を用意しておきました（**5**）。

```
01  .then(resp=>{
02      res.redirect('/');
03  });
```

　`res.redirect`は、引数に指定したURLにリダイレクトするメソッドです。実行後、別のページを表示させるようなときに便利ですね！

05 データの更新

続いてデータの更新です。データの更新は、まず更新するデータを取得し、その内容をフォームなどで編集してから送信し処理する形になります。つまり、「編集するデータの取得」と「データの更新」の2つの処理を用意する必要がありました。

では、これらの処理について簡単にまとめておきましょう。

データの取得

```
01  notion.databases.query({
02    database_id:《データベースID》,
03    filter:フィルター情報
04  })
```

データの取得には、`notion.databases.query`を使います。ここで引数のオブジェクトに「`filter`」という値を用意しておき、これにフィルターの条件を用意しておけば、その条件に合致するデータだけが検索されます。

データの更新

```
01  notion.pages.update({
02    page_id:《ページID》,
03    properties:プロパティ情報
04  })
```

データの更新は、`notion.pages`の「`update`」メソッドを使います。これはページの内容を更新するメソッドです。引数のオブジェクトには、`page_id`で更新するページのIDを指定し、`properties`に更新するプロパティの情報をまとめたものを用意します。

テンプレートを用意する

では、データの更新ページを作成しましょう。まず、テンプレートファイルを用意します。「views」フォルダーの中に、新たに「edit.ejs」という名前で新しいファイルを作成して下さい。そして以下のように記述をしましょう。

リスト11-5-1 (views/edit.ejs)

```
01  <!DOCTYPE html>
```

```
02  <html>
03    <head>
04      <title><%= title %></title>
05      <!-- CSS only -->
06      <link href="https://cdn.jsdelivr.net/npm/bootstrap@5.0.2/dist/css/
07  bootstrap.min.css" rel="stylesheet">
08      <link rel='stylesheet' href='/stylesheets/style.css' />
09      <script src="https://cdn.jsdelivr.net/npm/bootstrap@5.0.2/dist/js/
10  bootstrap.bundle.min.js"></script>
11    </head>
12    <body>
13      <h1><%= title %></h1>
14      <p>Welcome to <%= title %></p>
15      <form method="post" action="/edit"> ··························· ◼1
16        <input type="hidden" name="id" value="<%=data.id %>" ··········· ◼2
17          class="form-control form-control-sm">
18        <div class="form-group">
19          <label>名前</label>
20          <input type="text" name="name" value="<%=data.name %>" ··········· ◼3
21            class="form-control form-control-sm">
22        </div>
23        <div class="form-group">
24          <label class="mt-2">国語</label>
25          <input type="number" name="kokugo" value="<%=data.kokugo %>"
26            class="form-control form-control-sm">
27        </div>
28        <div class="form-group">
29          <label class="mt-2">数学</label>
30          <input type="number" name="sugaku" value="<%=data.sugaku %>"
31            class="form-control form-control-sm">
32        </div>
33        <div class="form-group">
34          <label class="mt-2">英語</label>
35          <input type="number" name="eigo" value="<%=data.eigo %>"
36            class="form-control form-control-sm">
37        </div>
38        <input type="submit" class="btn btn-primary mt-2"
39          value="Update">
40      </form>
41    </body>
42  </html>
```

ここでは、<form method="post" action="/edit">という形で送信する
フォームを用意してあります（◼1）。用意した<input>には、value="<%=data.
name %>"というようにして変数dataから値を表示するようにしてあります（◼3）。
アクセスした際には、もうフォームに更新するデータの内容が表示されるようにし
ておこう、というわけです。

コードを作成する

では、更新処理のコードを作りましょう。「routers」フォルダーのindex.jsに以下のコードを追記します。module.exports = router;の手前に記述しましょう。

リスト11-5-2 (routes/index.js)

```
01  router.get('/edit/:name', function(req, res, next) { ················ 4
02    const filter = {
03      'property': '名前',
04      'rich_text': {
05        'equals': req.params.name ································ 5
06      }
07    }
08    notion.databases.query({
09      database_id: db_id,
10      filter: filter
11    }).then(resp=>{
12      const item = resp.results[0].properties;
13      const data = {
14        id: resp.results[0].id,
15        name: item['名前'].title[0].plain_text,
16        kokugo: item['国語'].number,
17        sugaku: item['数学'].number,
18        eigo: item['英語'].number,
19        birth: item['生年月日'].date.start,
20      }
21      res.render('edit', { title: 'Update', data: data });
22    });
23  });
24
25  router.post('/edit', function(req, res, next) {
26    const props = {
27      '名前': {title: [{text:{content: req.body.name}}]},
28      '国語': {type: 'number', number: +req.body.kokugo},
29      '数学': {type: 'number', number: +req.body.sugaku},
30      '英語': {type: 'number', number: +req.body.eigo},
31    }
32    notion.pages.update({ ································
33      page_id: req.body.id, ······················ 6
34      properties: props ································
35    }).then(resp=>{
36      res.redirect('/');
37    });
38  });
```

Chapter 11

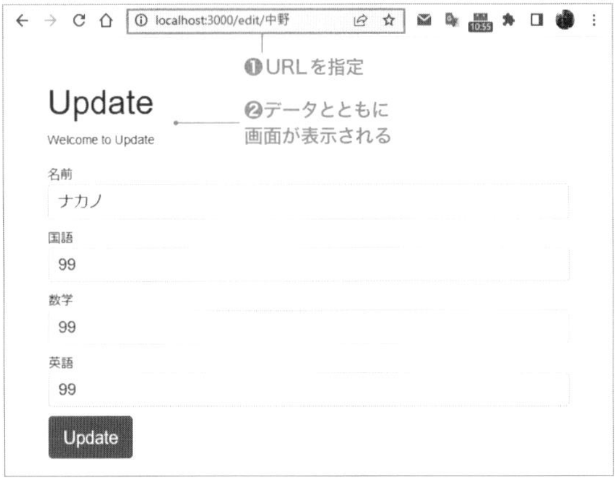

図11-5-1 http://localhost:
3000/edit/○○というように編集
する名前をつけてアクセスすると、
そのデータが編集できる

今回は、ちょっとおもしろいやり方で編集データを表示します。今回のページは、
http://localhost:3000/editというURLを指定していますが、そのままアクセス
しても動作しません。この後に名前をつけてアクセスするのです。例えば、http://
localhost:3000/edit/中野 というようにアクセスすると、「中野」という名前の
データがフォームに設定されて表示されます。

そのままフォームの内容を書き換えて送信すると、そのIDのデータが更新されま
す。IDでデータを検索し更新するので、IDの値は変更されないようtype="hidden"
にしてあります（2）。

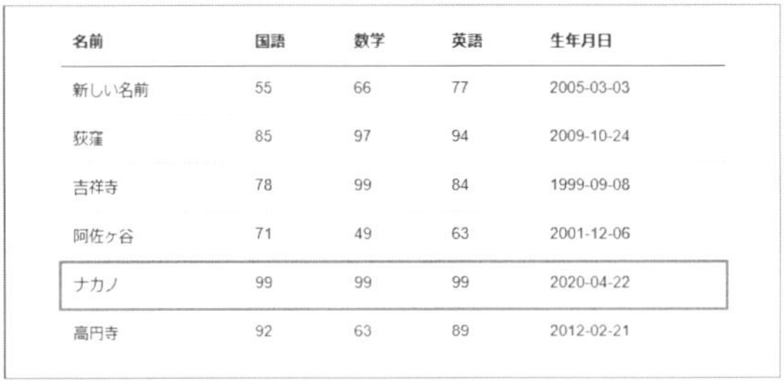

名前	国語	数字	英語	生年月日
新しい名前	55	66	77	2005-03-03
荻窪	85	97	94	2009-10-24
吉祥寺	78	99	84	1999-09-08
阿佐ヶ谷	71	49	63	2001-12-06
ナカノ	99	99	99	2020-04-22
高円寺	92	63	89	2012-02-21

図11-5-2 Notionのデータが更
新されているのを確認する

パラメーターで名前を渡す

今回は、/editにアクセスした際の処理を4のような形で用意しています。

```
01  router.get('/edit/:name', function(req, res, next) {……});
```

URLを見ると、'/edit/:name'となっていますね。この「:name」というの

は、パラメーターの指定です。Expressでは、URLを指定する際、「:○○」というように記述すると、その部分が指定した名前のパラメーターとして渡されるようになります。

ここでは、'/edit/:name'としていますから、/edit/○○というようにアクセスすれば○○の値がnameパラメーターとして取り出せるようになります。**5**ではフィルター情報の部分で、req.params.nameというようにしてnameパラメーターの値を利用しているのがわかりますね。

後は、そう難しいところはありません。postでは、**6**のようにしてデータの更新を行っています。

```
01  notion.pages.update({
02    page_id: req.body.id,
03    properties: props
04  })
```

引数のオブジェクトには、page_idとpropertiesを用意してあります。これでページIDがreq.body.idのページの内容をpropertiesの値で更新します。

更新がわかれば、削除もわかるでしょう。updateする際、propertiesの代りにarchived:trueという値を用意すればいいだけでしたね。

06 Webアプリで Notion APIを利用する場合

　Node.jsでWebアプリからNotion APIを利用する基本について説明しました。WebアプリでNotion APIを利用する際、頭に入れておいてほしいのは、「Notion APIへのアクセスはサーバー側で行う」という点です。

　最近は通信機能がJavaScriptでも活用されるようになってきているため、中には「Webページに用意したJavaScriptのスクリプトからNotion APIにアクセスすれば、もっと手軽にデータを利用できるんじゃないか」と思う人もいるでしょう。しかし、この方法はうまくいかないかもしれません。

　JavaScriptのAjax通信は、基本的に「そのWebページがあるのと同じサイト」にしかアクセスできないようになっています。それ以外のサイトにアクセスするためには、アクセス先に自分のWebページからアクセスすることを許可してもらわないといけません。Webページからのアクセスはいろいろと制約が多いのです。

　サーバーからであれば、こうした問題は発生せず、どのWebサイトにもアクセスすることができます。

💡 ライブラリなしでも使えるようになろう

　ここでは、Node.jsのライブラリを利用してNotion APIにアクセスする方法を紹介しました。また前Chapterでは非公式ライブラリを使ってPythonからNotion APIにアクセスする方法も説明しましたね。こうしたライブラリがある場合、それらを使ってアクセスするのがもっとも簡単な方法でしょう。

　PythonとJavaScript以外の言語でNotionを使いたいという人も多いことでしょう。しかし多くの言語ではNotion APIのためのライブラリが用意されていません。そんな場合、どうすればいいのか?

　Notion APIは、基本的にURLとHTTPメソッドさえわかれば、そのURLに直接アクセスして情報を操作することができます。この基本の手法をまずはしっかり覚えて下さい。このやり方ができるようになれば、ライブラリがなくともNotion APIを利用できます。どんな言語でも、基本的には同じやり方でアクセスできますから、他の言語への移植も容易です。

　ライブラリに頼らず、「HTTPメソッドでNotion APIのURLにアクセスして利用する」方法をしっかりと理解することが何より重要です。ライブラリは「あれば、より快適にNotion APIを利用できる」というくらいに考えましょう。

INDEX

著者プロフィール

掌田 津耶乃 (しょうだ つやの)

日本初のMac専門月刊誌『Mac+』の頃から主にMac系雑誌に寄稿する。ハイパーカードの登場により「ビギナーのためのプログラミング」に開眼。以後、Mac、Windows、Web、Android、iOSとあらゆるプラットフォームのプログラミングビギナーに向けた書籍を執筆し続ける。

- 近著：
  「Node.jsフレームワーク超入門」「Power Automate for Desktop RPA開発 超入門」「ノーコード開発ツール超入門」「見てわかる Unity Visual Scripting 超入門」（秀和システム）、「Swift Playgroundsではじめる iPhoneアプリ開発入門」「Power Automate ではじめる ノーコード iPaaS開発入門」（ラトルズ）、「Colaboratoryでやさしく学ぶ JavaScript入門」（マイナビ出版）
- 著書一覧：https://www.amazon.co.jp/-/e/B004L5AED8/
- ご意見・ご感想：syoda@tuyano.com

STAFF

協力	Notion Labs, Inc.
ブックデザイン	三宮 暁子（Highcolor）
DTP	島﨑 肇則
編集	伊佐 知子

もっと思い通りに使うための

Notionデータベース・API活用入門

2022年 8月26日 初版第1刷発行

著者	掌田 津耶乃
発行者	滝口 直樹
発行所	株式会社マイナビ出版
	〒101-0003　東京都千代田区一ツ橋2-6-3 一ツ橋ビル 2F
	TEL：0480-38-6872（注文専用ダイヤル）
	TEL：03-3556-2731（販売）
	TEL：03-3556-2736（編集）
	E-Mail：pc-books@mynavi.jp
	URL：https://book.mynavi.jp
印刷・製本	株式会社ルナテック